21 世纪全国高职高专机电系列技能型规划教材

低压电气控制安装与调试
实训教程

主　编　张　郭　陈保帆　谢　祥

副主编　周　洋　朱亚红

参　编　卫　玲　伍春霞

　　　　何　杰　李　超

主　审　韩亚军

U0201454

北京大学出版社

PEKING UNIVERSITY PRESS

内 容 简 介

本书主要介绍常用低压电气结构、工作原理，电气控制线路的安装调试、检测、维修，主要包括 9 个项目的内容。项目 1 主要是基础知识部分，通过对常用的低压器件进行拆装的过程，讲述常用低压电器的外形结构、工作原理、拆装过程、检测方法及使用选择等相关基本知识；项目 2～6 主要是对三相异步电动机点动、连续运行控制电路、正反转控制电路、顺序启动控制电路、降压启动控制电路以及绕线转子异步电动机控制电路的工作原理、控制过程、相关电路的设计方法进行分析，使读者能够按照低压电器设备安装工艺相关要求对电路熟练安装；项目 7～9 主要讲述常用机床电气控制常见故障的分析、排除。各项目相互衔接，逐渐提高，以满足不同层次的学习者的需要。本书还融入了维修电工、电气设备安装工技能鉴定考核相关知识点。

本书简明实用，可作为高职高专院校电气、机电类专业的实训教学用书，也可供从事电气技术方面的工程技术人员参考。具体学时分配可根据不同专业、不同培养目标及具体情况灵活安排。

图书在版编目(CIP)数据

低压电气控制安装与调试实训教程/张郭，陈保帆，谢祥主编. —北京：北京大学出版社，2013.4

(21 世纪全国高职高专机电系列技能型规划教材)

ISBN 978-7-301-22315-4

Ⅰ. ①低… Ⅱ. ①张…②陈…③谢… Ⅲ. ①低压电器—电气控制装置—设备安装—高等职业教育—教材②低压电器—电气控制装置—调试方法—高等职业教育—教材 Ⅳ. ①TM52

中国版本图书馆 CIP 数据核字(2013)第 057544 号

书　　　　名：低压电气控制安装与调试实训教程

著作责任者：张　郭　陈保帆　谢　祥　主编

策 划 编 辑：张永见　赖　青

责 任 编 辑：张永见

标 准 书 号：ISBN 978-7-301-22315-4/TH · 0340

出 版 发 行：北京大学出版社

地　　　　址：北京市海淀区成府路 205 号　　100871

网　　　　址：http://www.pup.cn　　新浪官方微博：@北京大学出版社

电 子 信 箱：pup_6@163.com

电　　　　话：邮购部 62752015　发行部 62750672　编辑部 62750667　出版部 62754962

印　刷　者：北京富生印刷厂

经　销　者：新华书店

　　　　　　787 毫米×1092 毫米　16 开本　11 印张　246 千字

　　　　　　2013 年 4 月第 1 版　　2013 年 4 月第 1 次印刷

定　　　　价：24.00 元

前　言

本书结合工作岗位的实际需求，按工作过程来组织课程内容，以项目为导向、任务为驱动，通过具体的任务学习工作知识，带动操作技能、职业能力的形成。

本书分为 9 个项目，每个项目单元都是一个完整而真实工作任务，培养学生团结协作能力，训练学生严格执行工作程序、工作规范、工艺文件和安全操作规程，同时也培养学生高度的工作责任心。学生从接受任务到任务完成都要遵循"接受任务—消化、准备—制订方案—绘制电气图、列元件清单—安装、调试—验收、评审—准备交工文件—文件交付、总结"这一个基本的工作流程。

本书在编写过程中突出以下特点：结构上在每个项目里有任务书、背景知识以及相关知识进阶和课后练习，供学生自习和复习；在完成项目内容后，有对应的质量评价标准进行反馈，以供教师对学生考核和总结。内容上重点强调理论够用，突出应用，让学生充分掌握低压电气设备的操作工艺及设计标准。

本书的编者多为从事低压电气控制设备课程教学，主持并参与低压电气控制安装与调试课程改革的主讲教师。本书由重庆科创职业学院张郭、陈保帆、谢祥主编，周洋、朱亚红、卫玲、伍春霞、何杰、李超参与了书中部分章节的编写。本书由重庆科创职业学院机电技术中心主任韩亚军任主审。在此向他们表示感谢，同时对参与讨论教材内容的中船重工重庆市红江机械公司、中船重工重庆市永红机械公司、中船重工重庆市跃进机械公司的工程师和技术员表示感谢。

由于编者水平有限，书中难免疏漏之处，恳请广大读者批评指正，读者可通过36660510@qq.com 与编者联系。

编　者

2013 年 1 月

目　　录

绪 论

一、低压电气控制安装与调试实训教程介绍

1. 课程性质

"低压电气控制安装与调试实训教程"是电气类专业很重要的一门专业基础技能课程，在整个专业课程体系中起到承上启下的作用，也是专业理论具体应用于工业技术的实践课程。通过本课程的教学，使学生在熟练的电工技术理论基础上，培养实践能力，通过结合维修电工、电气设备安装工等职业认证的技术要求，突出对学生操作技能和职业素养的培养。

1) 课程概述

本课程针对的职业岗位是电气设备生产线的维修电工、安装调试工、设备维护员、技术改造员等。具备相关低压线路控制设备的使用、维修、保养、故障排除和相关技术文档的整理等专业技能。能够在生产一线从事对相关低压线路控制设备的操作、组装、调试、维护和管理及相关技术文件的编制工作。通过对相关知识的学习，培养学生的观察、分析问题能力、沟通表达、团队协作能力和相关职业素养。

2) 课程的基本理念

以培养高技能型人才为目标；以理论够用实践为主为原则，以项目为载体，用任务训练岗位职业能力，以学习者为中心进行理论与实践一体化教学。学生在对具体任务的实施过程中掌握知识，学习分析、解决问题的方法，达到提升分析、解决问题能力的目的。

3) 课程设计思路

根据教学的基本规律和由浅入深、由易到难的原则将教学内容进行重新归类、组合设计，并将教学内容设计成 9 个具体的教学项目单元。在实施教学方法上采用理、实一体化模式结合到多媒体辅助教学、分组讨论教学、演示教学等多种方法为手段调动学生的学习能动性和主动性，激发学生的学习兴趣。

2. 课程培养目标

本课程的总体目标是通过层次性循序渐进的学习过程，使学生克服对本课程只是的枯燥感和对知识难点的畏惧感，根据不同项目结合不同的教学方法去激发学生的求知欲，培养学生敢于面对困难、克服困难的信心和能力。通过对本课程的学习，培养学生以下目标：

1) 知识目标

(1) 掌握常用低压电器的结构、工作原理和相关图形符号表示方法。

(2) 掌握常用低压电器的选用原则和安装、检修方法。

(3) 掌握电气识图的基本方法。

(4) 能够识别、绘制相关低压电器线路图纸。

(5) 掌握常见机床线路图的基本结构。

2) 技能目标

(1) 培养学生对典型低压电气线路的装调和故障分析、排除能力。

(2) 培养学生对常见机床电气线路的故障分析、排除能力。

(3) 培养学生对各器件的国家技术标准、行业、企业技术标准的查阅理解能力。

(4) 培养学生对低压设备线路设计的相关技术文件的编制。

(5) 具备中高级电工职业资格认证所必须的电气控制理论知识与技能。

(6) 能够操作、维护、保养典型的机床设备。

(7) 能够正确使用常见低压线路、典型机床线路中所用到的仪器仪表和工具。

3) 情感与态度目标

(1) 培养学生乐于思考、敢于实践、认真做事的工作作风。

(2) 培养学生好学、严谨、谦虚的学习态度。

(3) 培养学生良好的职业道德、专业素养。

(4) 培养学生严格的安全、规范操作和 5S 标准等规范。

(5) 培养学生自我学习、自我检查、自我促进、自我发展的能力。

(6) 培养学生语言沟通、团队协作精神。

(7) 培养学生创新精神。

3. 与前后课程的联系

本课程的先导课程有"电工技能"、"普通电机装配与检测",主要学习电工及机电的基础知识与基本技能。后续课程是"PLC 控制系统设计、安装与调试"、"变频器技术"等,主要是学习现代低压线路控制系统的设计、安装与调试,对组态软件、网络技术的应用等知识。

二、低压电气控制安装与调试实训教程课程任务分配与标准

本课程应在学生修完"电工技能"、"普通电机装配与检测"等课程后开设。

1. 教学内容与学时分配

和传统的教学方式不同,本课程的每个项目单元都是一个完整而具有真实性的工作任务,采用企业车间的管理模式,通过车间、工段、班组的三级管理,培养学生团结协作能力,训练学生严格执行工作程序、工作规范、工艺文件和安全操作规程,同时也培养学生高度的工作责任心。学生从接受任务到任务完成都要遵循"接受任务→消化、准备→制订方案→绘制电气图、列元件清单→安装、调试→验收、评审→准备交工文件→文件交付、

总结"这一个基本的工作流程。知识的学习、技能的加强和经验的积累是通过完成这一系列递进的工作任务而获取的，真正体现了学校角色与企业角色的高度结合。具体工作任务与教学见表 0-1。

表 0-1 学习情景结构与学时分配

学习情景序号	学习情景名称	学习情景说明	学习场地要求	学习方法	学时
1	常用低压电器的拆装、检修及工作原理	(1) 能理解常用低压电器基本结构及工作原理； (2) 识读产品型号含义； (3) 合理地选用常用低压电器	具有多媒体教学的电力拖动实验实训室、MF-47 型万用表、不同总类和型号低压电器、常用电工工具一套/组等	讲述法 实际操作观看法 任务教学法 分组讨论法	16
2	三相异步电动机点动、连续运行控制电路的安装与维修	(1) 理解点动、连续运行控制系统的工作原理； (2) 能识读、绘制三相异步电动机控制系统的安装接线图及原理图； (3) 会选用元件、导线等；掌握正反转控制线路安装、调试； (4) 会分析判断常见故障； (5) 能排除点动、连续运行控制系统控制线路的常见故障	具有多媒体教学的电力拖动实验实训室、有网络教学环境；有三相异步电动机及三相电源。具备学习情景要求的其他相关设备和工具	引导法 讲述法 实际操作观看法 项目式教学法 分组讨论法	16
3	三相异步电动机正反转控制电路的安装与维修	(1) 理解正反转控制系统的工作原理； (2) 能识读、绘制三相异步电动机控制系统的安装接线图及原理图； (3) 会选用元件、导线等；掌握正反转控制线路安装、调试； (4) 会分析判断正反转控制系统常见故障； (5) 能排除正反转控制线路的常见故障	具有多媒体教学的电力拖动实验实训室、有网络教学环境；有三相异步电动机及三相电源。具备学习情景要求的其他相关设备和工具	引导法 讲述法 实际操作观看法 项目式教学法 分组讨论法	16
4	三相异步电动机降压启动控制电路的安装与维修	(1) 理解降压启动控制系统的工作原理； (2) 能识读、绘制三相异步电动机降压启动控制系统的安装接线图及原理图； (3) 会选用元件、导线等； (4) 掌握降压启动控制线路的安装、调试方法； (5) 会分析、判断、排除降压启动控制系统的常见故障	具有多媒体教学的电力拖动实验实训室、有网络教学环境；有三相异步电动机及三相电源。具备学习情景要求的其他相关设备和工具	引导法 讲述法 实际操作观看法 项目式教学法 分组讨论法	12
5	顺序控制与多地控制电路的安装与维修	(1) 理解顺序控制与多地控制系统的工作原理； (2) 能识读、绘制异步电动机控制系统安装接线图及原理图； (3) 会选用元件、导线等；掌握顺序控制与多地控制线路的安装、调试； (4) 会分析、判断、排除顺序控制与多地控制系统的常用故障	具有多媒体教学的电力拖动实验实训室、有网络教学环境；有三相异步电动机及三相电源。具备学习情景要求的其他相关设备和工具	引导法 讲述法 实际操作观看法 项目式教学法 分组讨论法	8

学习情景序号	学习情景名称	学习情景说明	学习场地要求	学习方法	学时
6	三相异步电动机的制动控制电路的安装与维修	(1) 理解制动控制系统的工作原理； (2) 能识读异步电动机控制系统的安装接线图及原理图； (3) 会选用元件、导线等； (4) 掌握制动控制线路的安装、调试； (5) 会分析判断制动控制系统的常见故障； (6) 能排除制动控制线路的常见故障	具有多媒体教学的电力拖动实验实训室、有网络教学环境；有三相异步电动机及三相电源。具备学习情景要求的其他相关设备和工具	引导法 讲述法 实际操作观看法 项目式教学法 分组讨论法	8
7	CA6140型车床电气系统的检测与维护	(1) 熟悉CA6140型车床的结构、工作运动和特性及其基本操作技能； (2) CA6140型车床控制电路的设计； (3) CA6140型车床控制电路的安装与调试； (4) CA6140型车床控制电路的故障分析和排除方法	具有多媒体教学的电力拖动实验实训室、有网络教学环境；有三相绕线异步电动机及三相电源。具备学习情景要求的其他相关设备和工具	引导法 讲述法 实际操作观看法 项目式教学法 分组讨论法	6
8	X62W型万能铣床电气系统的检测与维护	(1) 熟悉X62W型万能铣床的结构、工作运动和特性及其基本操作技能； (2) X62W型万能铣床控制电路的设计； (3) X62W型万能铣床控制电路的安装与调试； (4) X62W型万能铣床控制电路的故障分析和排除方法	具有多媒体教学的电力拖动实验实训室、有网络教学环境；有三相绕线异步电动机及三相电源。具备学习情景要求的其他相关设备和工具	X62W型万能铣床电气系统的检测与维护	6
9	Z3050型摇臂钻床电气系统的检测与维护	(1) 熟悉Z3050型摇臂钻床的结构、工作运动和特性及其基本操作技能； (2) Z3050型摇臂钻床控制电路的设计； (3) Z3050型摇臂钻床控制电路的安装与调试； (4) Z3050型摇臂钻床控制电路的故障分析和排除方法	具有多媒体教学的电力拖动实验实训室、有网络教学环境；有三相绕线异步电动机及三相电源。具备学习情景要求的其他相关设备和工具	引导法 讲述法 实际操作观看法 项目式教学法 分组讨论法	6

2. 教师的要求

从事本学习领域教学的教师应具备以下相关知识、能力和资质。

(1) 获得高校教师资格证并具有电气设备安装、调试、电气控制技术等方面的理论知识。

(2) 熟悉相应国家标准和工艺规范。

(3) 熟悉各种电机的原理和控制方法。

(4) 具有系统的电工电子技术、电路分析等基础课程的理论知识。

(5) 具备电工操作及维修电工的各种技能。

(6) 具有比较强的驾驭课堂的能力。

(7) 具有良好的职业道德和责任心。

(8) 具备设计基于行动导向的教学的设计应用能力。

3. 学习场地、设施要求

我院引进校办工厂一个，供学生锻炼实习；大型车床、铣床、磨床 5 台，普通车床实验室两间，PLC 实验室两间，电力拖动实训室一间。实训条件在全国同级别院校中相对较好。

4. 考核标准与方式

为全面考核学生的知识与技能掌握情况，本课程主要以过程考核为主。课程考核涵盖项目任务全过程，主要包括项目实施等几个方面，见表 0-2。

表 0-2 考核方式与考核标准

学习情景序号	考核点	建议考核方式	评价标准			成绩比例
			优	良	及格	
1. 常用低压电器的拆装、检修及调试	实践操作（45 分）	(1) 能正确写出常用低压器件的文字、图形符号（25 分）； (2) 能正确识别器件(20 分)				
	有关知识（40 分）	(1) 时间继电器的使用方法及调试方法(10 分)； (2) 交流接触器的拆装、检修(10 分)； (3) 低压电器常见故障检测方法(10 分)； (4) 实训报告(10 分)				
	综合（15 分）	(1) 学习态度(3 分)； (2) 纪律、出勤(3 分)； (3) 5S 管理(6 分)； (4) 团队精神(3 分)				
2. 三相异步电动机点动、连续运行控制电路的安装与维修	实践操作（50 分）	(1) 能正确绘制相关电路图(15)； (2) 能合理选择器件(15 分)； (3) 能按照安装工艺的标准接线(10 分)； (4) 通电试车、调试(10 分)				
	有关知识（35 分）	(1) 三相异步电动机点动运行控制电路的原理分析(15 分)； (2) 三相异步电动机连续运行控制电路的原理分析(15 分)； (3) 实训报告(5 分)				
	综合（15 分）	(1) 学习态度(3 分)； (2) 纪律、出勤(3 分)； (3) 5S 管理(6 分)； (4) 团队精神(3 分)				
3. 三相异步电动机正反转控制电路的安装与维修	实践操作（50 分）	(1) 能正确绘制相关电路图(15)； (2) 能合理选择器件(15 分)； (3) 能按照安装工艺的标准接线(10 分)； (4) 通电试车、调试(10 分)				
	有关知识（35 分）	(1) 三相异步电动机正反转控制电路的原理分析(10 分)； (2) 倒顺开关控制的正反转控制电路的原理分析(10 分)； (3) 接触器联锁和按钮联锁正反转控制电路的原理分析(10 分)； (4) 实训报告(5 分)				

续表

学习情景序号	考核点	建议考核方式	评价标准			成绩比例
			优	良	及格	
4. 三相异步电动机降压启动控制电路的安装与维修	综合(15分)	(1) 学习态度(3分); (2) 纪律、出勤(3分); (3) 5S 管理(6分); (4) 团队精神(3分)				
	实践操作(50分)	(1) 能正确绘制相关电路图(15分); (2) 能合理选择器件(15分); (3) 能按照安装工艺的标准接线(10分); (4) 通电试车、调试(10分)				
	有关知识(35分)	(1) 三相异步电动机星三角降压启动控制的原理(10分); (2) 其他几种三相异步电动机星三角降压启动控制的原理(10分); (3) 各种降压启动控制的优缺点比较(10分); (4) 实训报告(5分)				
	综合(15分)	(1) 学习态度(3分); (2) 纪律、出勤(3分); (3) 5S 管理(6分); (4) 团队精神(3分)				
5. 顺序控制与多地控制电路的安装与维修	实践操作(50分)	(1) 能正确绘制相关电路图(15分); (2) 能合理选择器件(15分); (3) 能按照安装工艺的标准接线(10分); (4) 通电试车、调试(10分)				
	有关知识(35分)	(1) 两地控制原理(15分); (2) 顺序控制电路分析及设计(15分); (3) 实训报告(5分)				
	综合(15分)	(1) 学习态度(3分); (2) 纪律、出勤(3分); (3) 5S 管理(6分); (4) 团队精神(3分)				
6. 三相异步电动机的制动控制电路的安装与维修	实践操作(50分)	(1) 能正确绘制相关电路图(15); (2) 能合理选择器件(15分); (3) 能按照安装工艺的标准接线(10分); (4) 通电试车、调试(10分)				
	有关知识(35分)	(1) 电动机电源反接制动控制电路的原理分析及机械特性分析(10分); (2) 能耗制动控制电路的原理分析及机械特性分析(8分); (3) 回馈制动的工作原理及机械特性分析(7分); (4) 机械制动控制电路的原理分析(5分); (5) 实训报告(5分)				
	综合(15分)	(1) 学习态度(3分); (2) 纪律、出勤(3分); (3) 5S 管理(6分); (4) 团队精神(3分)				
7. CA6140 型车床电气系统的检测与维护	实践操作(50分)	(1) 能正确地使用仪表和工具(10分); (2) 能对电气线路故障进行分析(15分); (3) 能对电气线路故障排除(20分); (4) 能正确地进行检修中或检修后试车操作(5分)				

续表

学习情景序号	考核点	建议考核方式	评价标准			成绩比例
			优	良	及格	
7. CA6140 型车床电气系统的检测与维护	有关知识 (35 分)	(1) CA6140 型车床主电路的分析(10 分); (2) CA6140 型车床控制电路的分析(10 分); (3) CA6140 型车床辅助电路的分析(10 分); (4) 实训报告(5 分)				
	综合 (15 分)	(1) 学习态度(3 分); (2) 纪律、出勤(3 分); (3) 5S 管理(6 分); (4) 团队精神(3 分)				
8. X62W 型万能铣床电气系统的检测与维护	实践操作 (50 分)	(1) 能正确地使用仪表和工具(10 分); (2) 能对电气线路故障进行分析(15 分); (3) 能对电气线路故障排除(20 分); (4) 能正确地进行检修中或检修后试车操作(5 分)				
	有关知识 (35 分)	(1) X62W 型万能铣床主电路的分析(10 分); (2) X62W 型万能铣床控制电路的分析(10 分); (3) X62W 型万能铣床辅助电路的分析(10 分); (4) 实训报告(5 分)				
	综合 (15 分)	(1) 学习态度(3 分); (2) 纪律、出勤(3 分); (3) 5S 管理(6 分); (4) 团队精神(3 分)				
9. Z3050 型摇臂钻床电气系统的检测与维护	实践操作 (50 分)	(1) 能正确地使用仪表和工具(10 分); (2) 能对电气线路故障进行分析(15 分); (3) 能对电气线路故障排除(20 分); (4) 能正确地进行检修中或检修后试车操作(5 分)				
	有关知识 (35 分)	(1) Z3050 型钻床主电路的分析(10 分); (2) Z3050 型钻床控制电路的分析(10 分); (3) Z3050 型钻床辅助电路的分析(10 分); (4) 实训报告(5 分)				
	综合 (15 分)	(1) 学习态度(3 分); (2) 纪律、出勤(3 分); (3) 5S 管理(6 分); (4) 团队精神(3 分)				

5. 学习情景设计

本课程设计了 9 个学习情景。下面对每一个学习情景进行描述,见表 0-3。

表 0-3　学习情景 S-1 设计

学习情景 S-1:典型低压电器的拆装、检修及调试		学时:16
学习目标	主要内容	教学方法
(1) 掌握常用低压电器的种类并理解基本构造及工作原理; (2) 会识读常用低压电器产品型号含义; (3) 会判断和排除常用低压电器的故障	(1) 各种电工工具的使用; (2) 各种电工测量仪表的使用; (3) 低压电器的拆装、检修和调试	实物分解、多媒体、软件等

教学材料	使用工具	学生知识与能力准备	教师知识与能力要求	考核与评价	备注
(1) 幻灯片演示文稿； (2) Flash 动画、视频文件； (3) 实训报告文件、说明书及相关文件； (4) 各种常用低压电器	MF-47 型万用表、常用"+"、"-"字螺丝刀、尖嘴钳、斜口钳、剥线钳等其他常用电工工具	(1) 熟悉各种低压电器的原理； (2) 各种电工工具、仪表的使用； (3) 安装工艺	扎实的电工知识 过硬的业务水平 能熟练地使用各种工具 具备分析问题、解决问题的能力 具备理论教学与实践教学能力	安全意识 学习态度 独立学习、操作的能力 实训过程、结果的考核与评价	

教学组织步骤	主要内容	教学方法建议	学时分配
资讯	描述要完成的工作任务 组织学生分组 做好学生答疑	讲解法 任务教学法 分组讨论法	2 学时
计划	学习各元件原理 学习各元件结构 掌握各元件的拆装、检修方法 制订本任务实施方案 查阅相关资料	任务教学法 分组讨论法	1 学时
决策	确定要拆开低压电器的步骤 学生根据学习计划收集相关内容	分组讨论法 实际操作法	1 学时
实施	按步骤拆开各低压电器 分析元件结构原理 完成实训任务报告 按要求装配好各低压电器 完成相关记录	实际操作法 分组讨论法 演示法	10 学时
检查	学生拆装步骤是否正确 结构原理分析是否正确 完成学生自评表 完成相关记录	分组讨论法	1 学时
评价与总结	根据实训过程和实训报告，教师对学生自评结果进行点评 根据指导教师的评价进行进一步的完善与总结	课外检查 实训报告抽查	1 学时

学习情景 S-2：三相异步点动、连续运行控制电路的安装与维修		学时：16
学习目标	主要内容	教学方法
(1) 合理选用器件组成三相异步电动机点动、连续运行控制的主电路及控制电路； (2) 分析三相异步电动机点动、连续运行控制电路的工作原理； (3) 熟练安装电路并进行通电调试； (4) 故障诊断及排除	(1) 器件的选择； (2) 设计实现三相异步电动机点动、连续运行控制的电气原理图； (3) 绘制三相异步电动机点动、连续运行控制的元件布置图、接线图； (4) 按照安装工艺的要求连接电路； (5) 电路检测、通电试车； (6) 完成电动机正反转控制系统的设计、制作、调试报告	任务教学法 讲授法 实际操作法 启发法

续表

教学材料	使用工具	学生知识与能力准备	教师知识与能力要求	考核与评价	备注
(1) 幻灯片演示文稿； (2) Flash 动画、视频文件； (3) 实训报告文件、说明书及相关文件； (4) 各种常用低压电器	MF-47 型万用表、常用"+"、"−"字螺丝刀、尖嘴钳、斜口钳、剥线钳等其他常用电工工具	(1) 熟悉三相异步电动机点动运行的控制原理； (2) 熟悉三相异步电动机连续运行的控制原理； (3) 自锁电路的原理； (4) 接近开关、位置开关的工作原理及选用； (5) 安装工艺	扎实的电工知识 过硬的业务水平 能熟练地使用各种工具 具备分析问题、解决问题的能力 具备理论教学与实践教学能力	安全意识 学习态度 独立学习、操作的能力 实训过程、结果的考核与评价	

教学组织步骤	主要内容	教学方法建议	学时分配
资讯	描述要完成的工作任务 组织学生分组 回答学生提问	讲解法 项目式教学法 分组讨论法	2 学时
计划	学习相关控制原理 学习各元件结构 制订本任务工作计划 查阅相关资料	项目式教学法 分组讨论法	1 学时
决策	确定安装调试步骤 学生根据工作计划学习相关内容	分组讨论法 实际操作法 演示法	1 学时
实施	根据原理图按安装工艺的要求组装电路 检查相关电路 按要求排除故障 通电运行 做好相关记录	实际操作法 分组讨论法 讲解法 演示法	10 学时
检查	绘制的原理图、布线图是否正确 是否符合安装工艺的要求 完成学生自评表 完成报告	小组讨论法	1 学时
评价与总结	指导教师根据学生实训的过程和结果进行点评 学生根据教师评价的情况进行进一步总结和完善	课外检查 实训报告抽查	1 学时

学习情景 S-3：三相异步电动机正反转控制电路的安装与维修　　学时：16

学习目标	主要内容	教学方法
(1) 正确选用器件组成三相异步电动机正反转控制的主电路及控制电路； (2) 分析三相异步电动机正反转控制电路的工作原理； (3) 熟练安装电路并进行通电调试； (4) 故障诊断及排除	(1) 器件的选择； (2) 设计实现三相异步电动机正反转控制的电气原理图； (3) 绘制三相异步电动机正反转控制的元件布置图、接线图； (4) 按照安装工艺的要求连接电路； (5) 电路检测、通电试车； (6) 完成电动机正反转控制系统的设计、制作、调试报告	任务教学法 讲授法 实际操作法 启发法

教学材料	使用工具	学生知识与能力准备	教师知识与能力要求	考核与评价	备注
(1) 幻灯片演示文稿； (2) Flash 动画、视频文件 (3) 实训报告文件、说明书及相关文件； (4) 各种常用低压电器	MF-47 型万用表、常用"+"、"-"字螺丝刀、尖嘴钳、斜口钳、剥线钳等其他常用电工工具	(1) 熟悉三相异步电动机的空载运行和负载运行； (2) 倒、顺开关控制的三相异步电动机正反转控制电路； (3) 接触器、按钮双重联锁三相异步电动机正反转控制电路； (4) 接近开关、位置开关的工作原理及选用； (5) 自动往返控制电路的安装与维修； (6) 安装工艺	扎实的电工知识 过硬的业务水平 能熟练地使用各种工具 具备分析问题、解决问题的能力 具备理论教学与实践教学的能力	安全意识 学习态度 独立学习、操作的能力 实训过程、结果的考核与评价	

教学组织步骤	主要内容	教学方法建议	学时分配
资讯	描述要完成的工作任务 组织学生分组 回答学生提问	讲解法 项目式教学法 分组讨论法	2 学时
计划	学习相关控制原理 学习各元件结构 制订本任务工作计划 查阅相关资料	项目式教学法 分组讨论法	1 学时
决策	确定安装调试步骤 学生根据工作计划学习相关内容	分组讨论法 实际操作法 演示法	1 学时
实施	根据原理图按安装工艺的要求组装电路 检查相关电路 按要求排除故障 通电运行 做好相关记录	实际操作法 分组讨论法 讲解法 演示法	10 学时
检查	绘制的原理图、布线图是否正确 是否符合安装工艺的要求 完成学生自评表 完成报告	小组讨论法	1 学时
评价与总结	指导教师根据学生实训过程和结果进行点评 学生根据教师评价的情况进行进一步总结完善	课外检查 实训报告抽查	1 学时

续表

学习情景 S-4：三相异步电动机降压启动控制电路的安装与维修		学时：12
学习目标	主要内容	教学方法
(1) 正确选用器件组成三相异步电动机星三角降压起动控制的主电路及控制电路； (2) 分析三相异步电动机星三角降压起动控制电路的工作原理； (3) 熟练安装电路并进行通电调试； (4) 故障诊断及排除	(1) 器件的选择； (2) 设计实现三相异步电动机星三角降压起动控制的电气原理图； (3) 绘制三相异步电动机星三角降压起动运行控制的位置图、接线图； (4) 连接所需设备； (5) 自检、通电试车； (6) 完成电动机星三角降压起动控制系统的设计、制作、调试报告	任务教学法 讲授法 实际操作法 启发法

教学材料	使用工具	学生知识与能力准备	教师知识与能力要求	考核与评价	备注
(1) 幻灯片演示文稿； (2) Flash动画、视频文件； (3) 实训报告文件、说明书及相关文件； (4) 各种常用低压电器	MF-47型万用表、常用"+"、"-"字螺丝刀、尖嘴钳、斜口钳、剥线钳等其他常用电工工具	(1) 熟悉三相异步电动机星三角降压起动控制的基本要求和起动原理； (2) 常见的几种三相异步电动机星三角降压起动控制原理分析及优缺点比较； (3) 三相异步电动机绕组星三角的转换； (4) 时间继电器的分类、原理及使用； (5) 安装工艺	扎实的电工知识 过硬的业务水平 能熟练地使用各种工具 具备分析问题、解决问题的能力 具备理论教学与实践教学能力	安全意识 学习态度 独立学习、操作的能力 实训过程、结果的考核与评价	

教学组织步骤	主要内容	教学方法建议	学时分配
资讯	描述要完成的工作任务 组织学生分组 回答学生提问	讲述法 任务教学法 分组讨论法	2 学时
计划	学习相关控制原理 学习各元件结构 制订本任务工作计划 查阅相关资料	项目式教学法 分组讨论法 检索法	1 学时
决策	确定安装调试步骤 学生根据工作计划学习相关内容	分组讨论法 演示法	1 学时

续表

教学组织步骤	主要内容	教学方法建议	学时分配
实施	根据原理图按安装工艺的要求组装电路 检查相关电路 按要求排除故障 通电运行 做好相关记录	分组讨论法 讲授法 演示法	10 学时
检查	绘制的原理图、布线图是否正确 是否符合安装工艺的要求 完成学生自评表 完成报告	分组讨论法	1 学时
评价与总结	指导教师根据学生实训的过程和结果进行点评 学生根据教师评价的情况进行进一步总结和完善	课外检查 实训报告抽查	1 学时

学习情景 S-5：顺序控制与多地控制电路的安装与维修		学时：6
学习目标	主要内容	教学方法
(1) 正确选用器件组成三相异步电动机顺序控制、两地控制电路； (2) 分析三相异步电动机顺序控制、两地控制电路的工作原理； (3) 熟练安装电路并进行通电调试； (4) 故障诊断及排除	(1) 器件的选择； (2) 设计实现三相异步电动机顺序控制、两地控制电路的电气原理图； (3) 绘制三相异步电动机顺序控制、两地控制电路的位置图、接线图； (4) 连接所需设备 (5) 自检、通电试车	任务教学法 讲授法 实际操作法 启发法

教学材料	使用工具	学生知识与能力准备	教师知识与能力要求	考核与评价	备注
(1) 幻灯片演示文稿； (2) Flash 动画、视频文件； (3) 实训报告文件、说明书及相关文件； (4) 各种常用低压电器	MF-47 型万用表、常用"+"、"-"字螺丝刀、尖嘴钳、斜口钳、剥线钳等其他常用电工工具	(1) 熟悉三相异步电动机顺序控制的工作原理及应用； (2) 三相异步电动机两地控制的工作原理及应用； (3) 中间继电器的原理、结构、图形符号及选用； (4) 安装工艺	扎实的电工知识 过硬的业务水平 能熟练地使用各种工具 具备分析问题、解决问题的能力 具备理论教学与实践教学能力	安全意识 学习态度 独立学习、操作的能力 实训过程、结果的考核与评价	

教学组织步骤	主要内容	教学方法建议	学时分配
资讯	描述要完成的工作任务 组织学生分组 回答学生提问	讲述法 项目式教学法 分组讨论法	1 学时
计划	学习相关控制原理 学习各元件结构 制订本任务工作计划 查阅相关资料	任务教学法 分组讨论法	1 学时

教学组织步骤	主要内容	教学方法建议	学时分配
决策	确定安装调试步骤 学生根据工作计划学习相关内容	分组讨论法 演示法	1 学时
实施	根据原理图按安装工艺的要求组装电路 检查相关电路 按要求排除故障 通电运行 做好相关记录	分组讨论法 讲授法 演示法	4 学时
检查	绘制的原理图、布线图是否正确 是否符合安装工艺的要求 完成学生自评表 完成报告	分组讨论法 讲解法	0.5 学时
评价与总结	指导教师根据学生实训的过程和结果进行点评 学生根据教师评价的情况进行进一步总结和完善	课外检查 实训报告抽查	0.5 学时

学习情景 S-6：三相绕线转子异步电动机控制电路的安装与维修		学时：6
学习目标	主要内容	教学方法
(1) 正确选用器件组成三相绕线转子异步电动机控制的主电路及控制电路； (2) 分析双速异步电动机控制原理； (3) 熟练安装电路并进行通电调试； (4) 故障诊断及排除	(1) 器件的选择； (2) 设计实现三相绕线转子异步电动机的电气原理图； (3) 绘制三相绕线转子异步电机位置图、接线图； (4) 连接相关设备； (5) 自检、通电试车； (6) 完成电动机正反转控制系统的设计、制作、调试报告	任务教学法 讲授法 实际操作法 启发法

教学材料	使用工具	学生知识与能力准备	教师知识与能力要求	考核与评价	备注
(1) 幻灯片演示文稿； (2) Flash 动画、视频文件； (3) 实训报告文件、说明书及相关文件； (4) 各种常用低压电器	MF-47 型万用表、常用"＋"、"－"字螺丝刀、尖嘴钳、斜口钳、剥线钳等其他常用电工工具	(1) 熟悉三相绕线转子异步电动机控制的基本要求； (2) 三相绕线转子异步电动机转子串电阻起动原理； (3) 三相绕线转子异步电动机转子串频敏变阻器起动原理； (4) 电流继电器和电压继电器的结构及原理； (5) 了解其他调速方式； (6) 安装工艺	扎实的电工知识 过硬的业务水平 能熟练地使用各种工具 具备分析问题、解决问题的能力 具备理论教学与实践教学能力	安全意识 学习态度 独立学习、操作的能力 实训过程、结果的考核与评价	

教学组织步骤	主要内容	教学方法建议	学时分配
资讯	描述要完成的工作任务 组织学生分组 回答学生提问	讲述法 任务教学法 分组讨论法	1 学时
计划	学习相关控制原理 学习各元件结构 制订本任务工作计划 查阅相关资料	任务教学法 分组讨论法	0.5 学时
决策	确定安装调试步骤 学生根据工作计划学习相关内容	分组讨论法 演示法	0.5 学时
实施	根据原理图按安装工艺的要求组装电路 检查相关电路 按要求排除故障 通电运行 做好相关记录	实际操作法 分组讨论法 讲授法	3 学时
检查	绘制的原理图、布线图是否正确 是否符合安装工艺的要求 完成学生自评表 完成报告	分组讨论法	0.5 学时
评价与总结	指导教师根据学生实训的过程和结果进行点评 学生在教师评价情况的基础上进行进一步总结和完善	课外检查 实训报告抽查	0.5 学时

学习情景 S-7：CA6140 车床电气故障分析与排除		学时：6
学习目标	主要内容	教学方法
(1) 熟悉 CA6140 车床的结构、工作运动和特性及其基本操作技能； (2) CA6140 车床控制电路的设计； (3) CA6140 车床控制电路的安装与调试； (4) CA6140 车床控制电路的故障分析和排除方法	(1) CA6140 型车床电气线路分析； (2) CA6140 型车床的电气控制线路的安装与调试； (3) CA6140 型车床的电气控制系统的排故与分析	任务教学法 讲授法 实际操作法 启发法

教学材料	使用工具	学生知识与能力准备	教师知识与能力要求	考核与评价	备注
(1) 幻灯片演示文稿； (2) Flash 动画、视频文件； (3) 实训报告文件、说明书及相关文件； (4) 各种常用低压电器	MF-47 型万用表、常用"+"、"-"字螺丝刀、尖嘴钳、斜口钳、剥线钳等其他常用电工工具	(1) 熟悉CA6140型车床的主要结构； (2) 熟悉CA6140型车床的运动形式； (3) 了解 CA6140型车床的电力拖动特点及控制要求； (4) 了解 CA6140型车床电气控制的基本原理； (5) 熟悉车床的故障分析及排故的基本方法	扎实的电工知识 过硬的业务水平 能熟练地使用各种工具 具备分析问题、解决问题的能力 具备理论教学与实践教学能力	安全意识 学习态度 独立学习、操作的能力 实训过程、结果的考核与评价	

教学组织步骤	主要内容	教学方法建议	学时分配
资讯	描述要完成的工作任务 组织学生分组 回答学生提问	讲述法 任务教学法 分组讨论法	3 学时
计划	学习相关控制原理 学习各元件结构 制订本任务工作计划 查阅相关资料	任务教学法 分组讨论法	0.5 学时
决策	确定操作步骤 学生根据工作计划学习相关内容	分组讨论法 演示法	0.5 学时
实施	根据原理图熟悉机床的主要结构和控制要求 检查相关电路 按要求排除故障 通电试车运行 做好相关记录	实际操作法 分组讨论法 讲授法	1 学时
检查	使用仪表和工具是否正确 检修思路是否正确 是否能标出故障点、线或标对位置 检修中或检修后试车操作是否正确 完成报告	分组讨论法	0.5 学时
评价与总结	指导教师根据学生实训的过程和结果进行点评 学生在教师评价情况的基础上进行进一步总结和完善	课外检查 实训报告抽查	0.5 学时

学习情景 S-8：X62W 万能铣床电气系统的检测与维护		学时：6
学习目标	主要内容	教学方法
(1) 熟悉 X62W 型万能铣床的结构、工作运动和特性及其基本操作技能； (2) X62W 型万能铣床控制电路的设计； (3) X62W 型万能铣床控制电路的安装与调试； (4) X62W 型万能铣床控制电路的故障分析和排除方法	(1) X62W 型万能铣床电气线路的分析； (2) X62W 型万能铣床电气控制线路的安装与调试； (3) X62W 型万能铣床电气控制系统的排故与分析	任务教学法 讲授法 实际操作法 启发法

教学材料	使用工具	学生知识与能力准备	教师知识与能力要求	考核与评价	备注
(1) 幻灯片演示文稿； (2) Flash 动画、视频文件； (3) 实训报告文件、说明书及相关文件； (4) 各种常用低压电器	MF-47 型万用表、常用"+"、"−"字螺丝刀、尖嘴钳、斜口钳、剥线钳等其他常用电工工具	(1) 熟悉 X62W 型万能铣床的主要结构； (2) 熟悉 X62W 型万能铣床的运动形式； (3) 了解 X62W 型万能铣床的电力拖动特点及控制要求； (4) 了解 X62W 型万能铣床电气控制的基本原理； (5) 熟悉车床的故障分析及排故的基本方法	扎实的电工知识 过硬的业务水平 能熟练地使用各种工具 具备分析问题、解决问题的能力 具备理论教学与实践教学能力	安全意识 学习态度 独立学习、操作的能力 实训过程、结果的考核与评价	

教学组织步骤	主要内容	教学方法建议	学时分配
资讯	描述要完成的工作任务 组织学生分组 回答学生提问	讲述法 任务教学法 分组讨论法	1 学时
计划	学习相关控制原理 学习各元件结构 制订本任务工作计划 查阅相关资料	任务教学法 分组讨论法	0.5 学时
决策	确定操作步骤 学生根据工作计划学习相关内容	分组讨论法 演示法	0.5 学时
实施	根据原理图熟悉机床的主要结构和控制要求 检查相关电路 按要求排除故障 通电试车运行 做好相关记录	实际操作法 分组讨论法 讲授法	3 学时
检查	使用仪表和工具是否正确 检修思路是否正确 是否能标出故障点、线或标对位置 检修中或检修后试车操作是否正确 完成报告	分组讨论法	0.5 学时
评价与总结	指导教师根据学生实训的过程和结果进行点评 学生在教师评价情况的基础上进行进一步总结和完善	课外检查 实训报告抽查	0.5 学时

学习情景 S-9：Z3050 型摇臂钻床电气系统的检测与维护		学时：6
学习目标	主要内容	教学方法
(1) 熟悉 Z3050 型摇臂钻床的结构、工作运动和特性及其基本操作技能； (2) Z3050 型摇臂钻床控制电路的设计； (3) Z3050 型摇臂钻床控制电路的安装与调试； (4) Z3050 型摇臂钻床控制电路的故障分析和排除方法	(1) Z3050 型摇臂钻床电气线路的分析； (2) Z3050 型摇臂钻床的电气控制线路的安装与调试； (3) Z3050 型摇臂钻床的电气控制系统的排故与分析	任务教学法 讲授法 实际操作法 启发法

教学材料	使用工具	学生知识与能力准备	教师知识与能力要求	考核与评价	备注
(1) 幻灯片演示文稿； (2) Flash 动画、视频文件； (3) 实训报告文件、说明书及相关文件； (4) 各种常用低压电器	MF-47 型万用表、常用"+"、"−"字螺丝刀、尖嘴钳、斜口钳、剥线钳等其他常用电工工具	(1) 熟悉 Z3050 型摇臂钻床的主要结构； (2) 熟悉 Z3050 型摇臂钻床的运动形式； (3) 了解 X62W 万能铣床的电力拖动特点及控制要求； (4) 了解 Z3050 型摇臂钻床电气控制基本原理； (5) 熟悉车床故障分析及排故基本方法	扎实的电工知识 过硬的业务水平 能熟练地使用各种工具 具备分析问题、解决问题的能力 具备理论教学与实践教学能力	安全意识 学习态度 独立学习、操作的能力 实训过程、结果的考核与评价	

教学组织步骤	主要内容	教学方法建议	学时分配
资讯	描述要完成的工作任务 组织学生分组 回答学生提问	讲述法 任务教学法 分组讨论法	1 学时
计划	学习相关控制原理 学习各元件结构 制订本任务工作计划 查阅相关资料	任务教学法 分组讨论法	0.5 学时
决策	确定操作步骤 学生根据工作计划学习相关内容	分组讨论法 演示法	0.5 学时
实施	根据原理图熟悉机床的主要结构和控制要求 检查相关电路 按要求排除故障 通电试车运行 做好相关记录	实际操作法 分组讨论法 讲授法	3 学时
检查	使用仪表和工具是否正确 检修思路是否正确 是否能标出故障点、线或标对位置 检修中或检修后试车操作是否正确 完成报告	分组讨论法	0.5 学时
评价与总结	指导教师根据学生实训的过程和结果进行点评 学生在教师评价情况的基础上进行进一步总结和完善	课外检查 实训报告抽查	0.5 学时

项目 1

典型低压电器的拆装、检修及调试

1.1 项目任务

本项目内容见表 1-1。

表 1-1　基础知识项目内容

项目内容	(1) 掌握常用低压器件的工作原理； (2) 掌握常用低压器件的基本结构、分类及选用方法； (3) 掌握常用低压器件的检测、维修方法
重难点	(1) 常用低压电器使用选择； (2) 常用低压电器的工作原理； (3) 常用低压电器的维修
参考的相关标准	《GB/T 13869—2008 用电安全导则》 《GB 19517—2009 国家电气设备安全技术规范》 《GB/T 25295—2010 电气设备安全设计导则》 《GB 50054—2011 低压配电设计规范》 《GB/T 6988.1—2008 电气技术用文件的编制　第 1 部分：规则》
操作原则与安全注意事项	(1) 一般原则：学员必须在指导老师的指导下才能对相关器件进行拆装。务必按照技术文件和各独立元件的使用要求使用该系统，以保证人员和设备安全； (2) 拆装过程：拆装过程中，建议把每一步操作过程做相应记录，防止拆下来装不上的情况出现

项目导读

在工矿企业的电气控制设备中,其控制线路基本上使用的都是低压电器,如图 1-1 所示。因此,低压电器是电气控制中的基本组成部分,同时也是重要的组成部分,控制系统的优劣与低压电器的性能有很大关系。因此,作为相关专业技术人员,不但要熟悉常用低压器件的结构、工作原理、使用方法,更应该掌握它的检测、维修和合理的选择方法。

图 1-1   企业中常用电控柜

1. 接触器的拆装训练任务书

接触器的拆装训练任务书见表1-2。

表1-2　接触器的拆装

××学院　低压电气装调任务书

工序号：1	工序名称：接触器的拆装	文件编号		
		版　次		共3页/第1页

作业内容

序号	作业内容
1	准备一个型号为CJT1-10的交流接触器
2	拆卸前，首先将交流接触器线圈两端的外部接线端子螺丝松开
3	打开底部盖子时，将交流接触器倒置，以防止内部器件散落
4	打开底盖后，取下铁心，弹簧夹片及反作用力弹簧
5	取线圈时前，先将线圈的两个外部连接接片取下，然后再取线圈
6	取出相关部件后，检查并清理接触器内部杂物或者灰尘

使用工具：十字螺丝刀，万用表，镊子，剥线钳，试电笔，电工刀

※工艺要求（注意事项）

序号	工艺要求
1	在拆卸时，将拆卸的每一个步骤都按照顺序做好记录，为后面的组装记录一手资料
2	在拆卸的过程中，将各部件对应的螺丝分开来，以防止后面安装时混乱
3	接触器内部有反作用力弹簧，在打开底盖时，要适当地将底盖按住，防止底盖螺丝完全松开的时候内部器件弹出
4	对没有螺丝固定的部件，在取下时，要记好该部件的位置和方向，在取出之前，思考为什么会这样放置，具体起什么作用
5	在对内部灰尘或杂物进行清理时，一定要掌握好力度，防止在清理时将将内部结构破损

编制	批　准
审核	生产日期

1. 线圈外部接线端

2. 松开底盖螺丝

3. 取下底盖

4. 取下衔铁

5. 取下弹簧夹片

6. 取出弹簧

7. 取下线圈连接片

8. 取出线圈

9. 接触器

更改标记	
更改人签名	

2. 时间接触器的拆装训练任务书

时间接触器的拆装训练任务书见表1-3。

表1-3　时间接触器的拆装

××学院	低压电气装调任务书	文件编号	
		版次	
工序号：2	工序名称：时间接触器的拆装	共3页第2页	

	作业内容
1	准备一个型号为JS7-1A的时间电器
2	首先对时间继电器线圈进行拆卸
3	将固定线圈的支架拆下，拆卸时用两拇指向外撬支架勾，向外撬的同时，稍微往下使力方可拆下
4	最后拆下计时系统
5	取出相关部件，检查并清理时间继电器内部杂物或者灰尘

使用工具

十字螺丝刀，万用表，刀片，镊子，毛刷子

※工艺要求(注意事项)

1	在拆卸的过程时，将拆卸的每一个步骤都按照顺序做好记录，为后面的组装记录时候做准备
2	在拆卸的过程中，将各部件对应的螺丝区分开来，要把好方向和力度，装的时候混淆
3	在拆卸时间继电器线圈时，要把好方向，要与拆卸的过程相反，防止弹出 线圈的反作用力弹簧，防止弹出
4	安装的过程正好与拆卸的过程相反，在安装完成后，要对时间继电器的线圈、常开触点、常闭触点进行检测

1. 线圈的拆卸(a)

2. 线圈的拆卸(b)

3. 线圈支架拆卸(a)

4. 线圈支架的拆卸(b)

5. 计时系统的拆卸

6. 时间继电器部件结构图

7. 时间继电器

编制		批准	
审核		生产日期	
更改标记			
更改人签名			

3. 行程开关的拆装训练任务书

行程开关的拆装训练任务书见表 1-4。

表 1-4　行程开关的拆装

××学院	低压电气装调任务书	文件编号	
工序号：3	工序名称：行程开关的拆装	版　次	共 3 页/第 3 页

1. 打开外壳　2. 拆下触头系统　3. 打开触头系统

4. 拆下触头系统　5. 卸下连杆机构　6. 连杆机构结构

7. 触头的检测　8. 行程开关

作 业 内 容

1	准备一个 JLXK1-211 型号的行程开关
2	首先打开行程开关的外壳
3	卸下行程开关的触头系统，触头系统固定在行程开关内部
4	用小一字螺丝刀拨开触头系统外壳盖，里面包含一对常开触头和一对常闭触头
5	拆卸行程开关动作连杆机构
6	检测行程开关的常开与常闭触头

使 用 工 具

十字螺丝刀、万用表、刀片、镊子、毛刷子一手资料

※工艺要求(注意事项)

1	在拆卸的过程时，将拆卸的每一个步骤都按照顺序做好记录，为后面的组装做准备
2	在拆卸的过程中，将各部件对应的螺丝区分开来，以防止后面安装的时候混淆
3	在拆开触头系统的外壳盖时，掌握好力度，尽量不要碰触动作连杆，防止动作弹片弹出
4	在拆卸动作连杆机构的时候，要注意中转连杆的位置
5	清理触头系统内部的灰尘或杂质，防止接触不好
6	安装的步骤正好与拆卸步骤刚好相反，安装外壳盖之前，还要对行程开关的常开闭触头进行检测

编		制		批　准	
审		核		生产日期	

更改标记	
更改人签名	

1.2　项 目 准 备

1.2.1　任务流程图

典型低压电器的拆装、检修及调试任务流程图如图 1-2 所示。

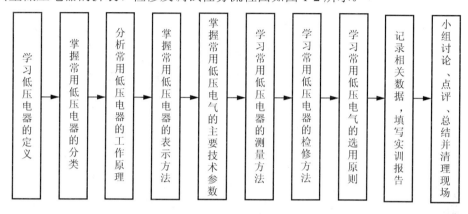

图 1-2　任务流程图

1.2.2　所需工具列表

典型低压电器的拆装、检修及调试所需工具列表见表 1-5。

表 1-5　工具列表

序号	分类	名称	型号规格	数量	单位	备注
1	工具	常用电工工具		1	套	
2		万用表	MF-47	1	台	
3	元器件	开关电器		1	个	
4		接触器		1	个	
5		继电器		1	个	
6		熔断器		1	台	
7		主令电器		1	组	

1.3　背 景 知 识

1.3.1　低压电器的基本概念

低压电器是指额定电压等级在交流 1 200V、直流 1 500V 以下的电器。在我国工业控制电路中，最常用的三相交流电压等级为 380V，只有在特定行业环境下才用其他电压等级，如煤矿井下的电钻用 127V、运输机用 660V、采煤机用 1 140V 等。

1.3.2　开关电器

开关电器常用于隔离、转换、接通及分断电路，可用于机床电路的电源开关、局部照明电路的开关，有时也可以用来直接对小容量电动机的启动、停止和正反转实时控制。通常使用的低压开关有刀开关、负荷开关、组合开关和低压断路器等。

1. 刀开关

刀开关是手动电器中年限最老式、结构最简单的一种，通常作用在频繁地接通和分断容量不太大的低压供电线路设备中。

2. 开启式负荷开关

常用的胶盖开关作为开启式负荷开关，通常用于电器照明电路、电热回路和小于 5.5kW 的电动机控制线路中。主要用作隔离电源，也可用在非频繁地接通和分断容量较小的低压配电线路中。开启式负荷开关外形、结构与符号如图 1-3 所示。

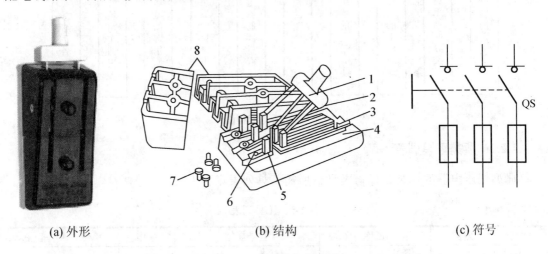

(a) 外形　　　　　　　　　(b) 结构　　　　　　　　　(c) 符号

图 1-3　开启式负荷开关

1—上胶盖；2—下胶盖；3—插座；4—触刀；5—操作手柄；
6—固定螺母；7—进线端；8—熔丝；9—触点座；10—底座；11—出线端

型号与含义如图 1-4 所示。

图 1-4　型号与含义

设计代号：11—中央手柄式，12—侧方正面杠杆操作机构式，13—中央正面杠杆操作机构式，14—侧面手柄式。

3. 封闭式负荷开关

封闭式负荷开关(铁壳开关)外形、结构与符号如图 1-5 所示。

(a) 外形

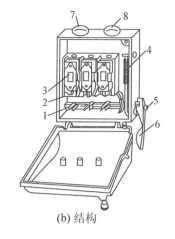

(b) 结构

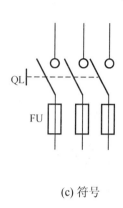

(c) 符号

图 1-5 封闭式负荷开关外形图和结构图

1—触刀；2—插座；3—熔断器；4—速断弹簧；5—转轴；6—操作手柄；7—进线口；8—出线口

封闭式负荷开关的型号与含义如图 1-6 所示。

4. 组合开关

(1) 作用：电源的引入开关；通断小电流电路；控制 5kW 以下的电动机。

(2) 分类：按极数分有单极、双极和三极，按层数分有三层、六层等。

(3) 外形、结构与符号如图 1-7 所示。

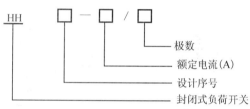

图 1-6 封闭式负荷开关的型号与含义

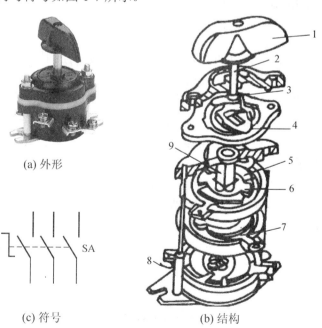

(a) 外形

(c) 符号

(b) 结构

图 1-7 组合开关外形、结构、符号

1—手柄；2—转轴；3—弹簧；4—凸轮；5—绝缘垫板；
6—动触片；7—静触片；8—接线柱；9—绝缘杆

(4) 组合开关的型号与含义如图 1-8 所示。

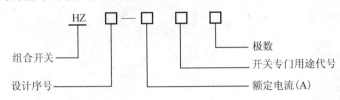

图 1-8　型号与含义

 **特别提示**

刀开关选用原则

(1) 结构形式的选择：根据其在线路中的作用和在成套配电装置中的安装位置来确定其结构形式。仅用其来隔离电源时，则只需选用不带灭弧罩的产品；如用来分断负载，就应选用带灭弧罩，而且是通过杠杆来操作的产品，如中央手柄式刀开关不能切断负荷电流，其他形式的可切断一定的负荷电流，但必须选带灭弧罩的刀开关。此外，还应根据其是正面操作还是侧面操作，是直接操作还是杠杆传动，是板前接线还是板后接线等来选择结构形式。

(2) 额定电流的选择：刀开关的额达电流一般应等于或大于所关断电路中的各个负载额定电流的总和。若负载是电动机，就必须考虑电起机的启动电流是额定电流的 4～7 倍，故应选用额定电流大一级的刀开关。此外，还要考虑电路中可能出现的最大短路峰值电流是否在额定电流等级所对应的电动稳定性峰值电流以下(当发生短路事故时，如果刀开关能通以某一最大短路电流，并不因其所产生的巨大电动力的作用而发生变形、损坏或者触刀自动弹出的现象，则这一短路峰值电流就是刀开关的电动稳定性峰值电流)；如果超过，就应当选用额定电流更大一级的刀开关。

5. 低压断路器

(1) 作用：低压断路器俗称自动开关或空气开关，用于控制低压配电电路中不频繁的通断。在电路发生短路、过载或欠电压等故障时能自动分断故障电路，是一种控制兼保护电器。

(2) 工作原理：低压断路器开关是靠操作机构手动或电动合闸的，触头闭合后，自由脱扣机构将触头锁在合闸位置上。当电路发生上述故障时，通过各自的脱扣器使自由脱扣机构动作，自动跳闸以实现保护作用。分励脱扣器则作为远距离控制分断电路使用。过电流脱扣器用于线路的短路和过电流保护，当线路的电流大于整定的电流值时，过电流脱扣器所产生的电磁力使挂钩脱扣，动触点在弹簧的拉力下迅速断开，实现短路器的跳闸功能。

(3) 分类：油断路器、压缩空气断路器、真空断路器、SF6 断路器。

(4) 外形、结构与符号如图 1-9 所示。

 特别提示

低压断路器的选择

使用选择时，应从以下几方面考虑。

(1) 结构形式的选择：应根据使用场合和保护要求来选择。如一般选用塑壳式；短路电流很大时选用限流型；额定电流比较大或有选择性保护要求时选用框架式；控制和保护含有半导体器件的直流电路时应选用直流快速断路器；等等。

(2) 额定电压的选择：额定电流应大于或等于线路、设备的正常工作电压、工作电流。

(3) 断路器极限通断能力大于或等于电路最大短路电流。

(4) 欠电压脱扣器额定电压等于线路额定电压。

(5) 过电流脱扣器的额定电流大于或等于线路的最大负载电流。

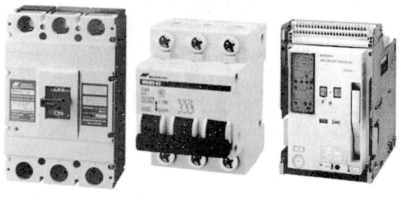

(a) 外形

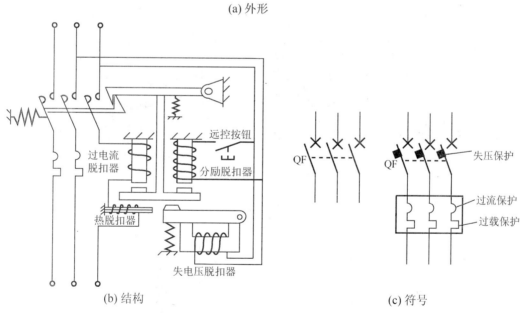

(b) 结构　　　　　　　　　　　　　　　　　(c) 符号

图 1-9　断路器外形、结构、符号

1.3.3　接触器

(1) 作用：接触器主要用于控制电动机、电热设备、电焊机、电容器组等，能频繁地接通或断开交直流主电路，实现远距离自动控制。它具有低电压释放保护功能，在电力拖动自动控制线路中被广泛应用。

(2) 工作原理：当线圈接通额定电压时，产生电磁力，克服弹簧反力，吸引动铁心向下运动，动铁心带动绝缘连杆和动触头向下运动使常开触头闭合，常闭触头断开。当线圈失电或电压低于释放电压时，电磁力小于弹簧反力，常开触头断开，常闭触头闭合。

(3) 外形、结构与符号如图 1-10 所示。

(a) 外形

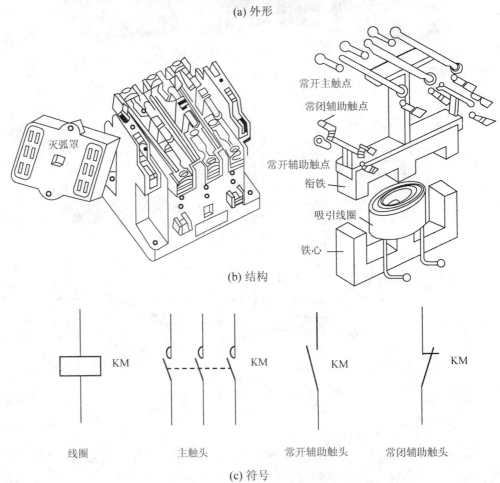

(b) 结构

线圈　　　　　主触头　　　　常开辅助触头　　　常闭辅助触头

(c) 符号

图 1-10　接触器外形、结构、图形符号

(4) 型号与含义如图 1-11 所示。

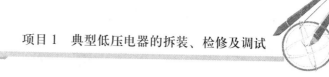

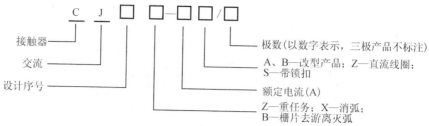

图 1-11 型号与含义

接触器有交流接触器、直流接触器。常用的交流接触器有 CJ10、CJ12、CJ10X、CJ20、CJX1、CJX2、3TB 和 3TD 等系列。

特别提示

接触器使用与选择

(1) 根据负载性质选择接触器的类型。

(2) 额定电压应大于或等于主电路工作电压。

(3) 额定电流应大于或等于被控电路的额定电流。对于电动机负载，还应根据其运行方式适当增大或减小。

(4) 吸引线圈的额定电压与频率要与所在控制电路的选用电压和频率相一致。

1.3.4 继电器

(1) 作用：继电器主要起到控制、检测、保护、调节和信号转换等作用。它是一种自动和远距离操纵的电器，被广泛应用于电力拖动控制系统、遥控、遥测系统、电力保护系统以及通信系统，也是现代电气装置中最基本的元器件之一。

(2) 分类：热继电器、时间继电器、速度继电器等。

1. 热继电器

(1) 作用：热继电器主要用于电力拖动系统中电动机负载的过载保护。

(2) 工作原理：当电动机正常运行时，热元件产生的热量虽能使双金属片弯曲，但还不足以使热继电器的触点动作。当电动机过载时，双金属片弯曲位移增大，推动导板使常闭触点断开，从而切断电动机控制电路以起保护作用。热继器动作后一般不能自动复位，要等双金属片冷却后按下复位按钮复位。热继电器动作电流的调节可以借助旋转凸轮于不同位置来实现。

(3) 外形、结构与符号如图 1-12 所示。

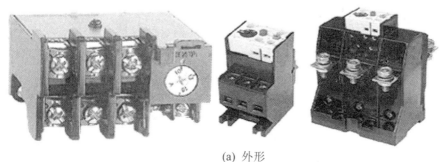

(a) 外形

图 1-12 接触器外形、结构、图形符号

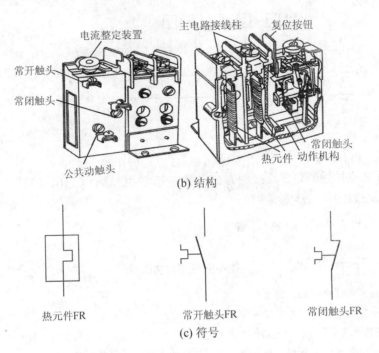

(b) 结构

(c) 符号

热元件FR   常开触头FR   常闭触头FR

图 1-12 接触器外形、结构、图形符号(续)

(4) 型号及含义表示如图 1-13 所示。

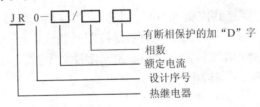

图 1-13 型号与含义

(5) 分类：热继电器主要分为两极式和三极式，三极式又分为带断相保护和不带断相保护。

 特别提示

热继电器使用选择：主要是根据电动机的额定电流来选择。在实际的运用中，热继电器的额定电流可略大于电动机的额定电流。

2. 时间继电器

(1) 作用：通常可在交流 380V、交流 220V、直流 220V 的控制线路中作延时元件，按照预定的时间去接通或分断电路。

(2) 外形与符号如图 1-14 所示。

(3) 分类：电磁式时间继电器、空气阻尼式时间继电器、电动式时间继电器、晶体管式时间继电器、数字式时间继电器等。

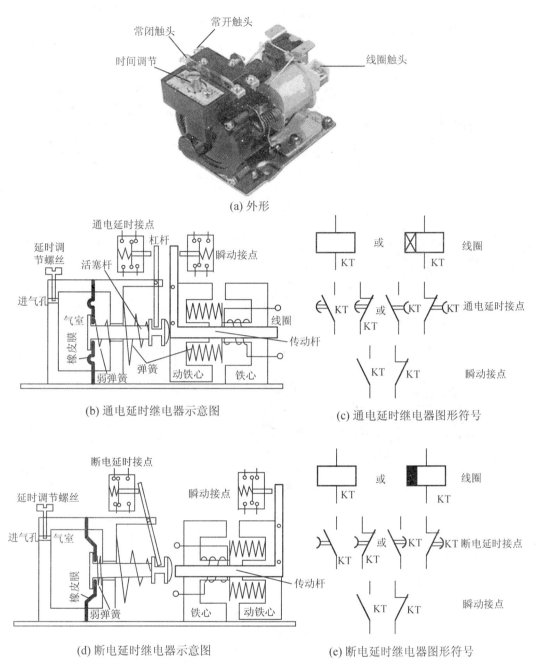

(a) 外形

(b) 通电延时继电器示意图

(c) 通电延时继电器图形符号

(d) 断电延时继电器示意图

(e) 断电延时继电器图形符号

图 1-14　空气阻尼式时间继电器外形、结构和图形符号

1.3.5　熔断器

(1) 作用：熔断器在电路中主要起短路保护作用，用于保护线路。熔断器的熔体串接于被保护的电路中，熔断器以其自身产生的热量使熔体熔断，从而自动切断电路，实现短路保护及过载保护。

熔断器具有结构简单、体积小、重量轻、使用维护方便、价格低廉、分断能力较高、限流能力良好等优点，因此在电路中得到广泛应用。

(2) 外形结构与符号如图 1-15 所示。

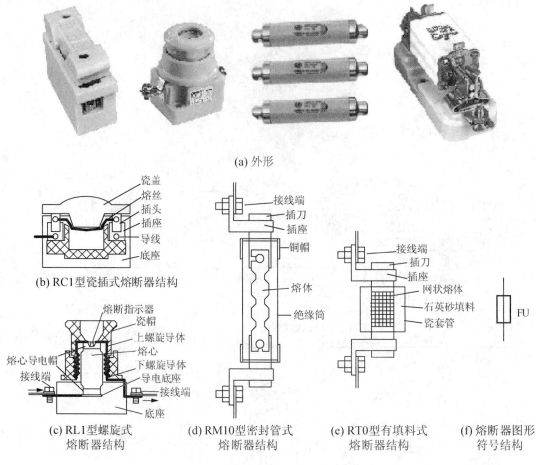

(a) 外形

(b) RC1型瓷插式熔断器结构

(c) RL1型螺旋式熔断器结构

(d) RM10型密封管式熔断器结构

(e) RT0型有填料式熔断器结构

(f) 熔断器图形符号结构

图 1-15　熔断器外形、结构、符号

(3) 型号及含义表示如图 1-16 所示。

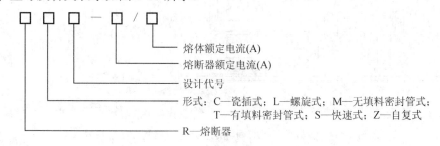

熔体额定电流(A)

熔断器额定电流(A)

设计代号

形式：C—瓷插式；L—螺旋式；M—无填料密封管式；T—有填料密封管式；S—快速式；Z—自复式

R—熔断器

图 1-16　型号与含义

(4) 组成部分：由熔体和安装熔体的绝缘底座(或称熔管)组成。熔体由易熔金属材料铅、锌、锡、铜、银及其合金制成，形状常为丝状或网状。由铅锡合金和锌等低熔点金属制成的熔体，因不易灭弧，多用于小电流电路；由铜、银等高熔点金属制成的熔体，易于灭弧，多用于大电流电路。

(5) 分类：按结构分为开启式、半封闭式和封闭式；按有无填料分为有填料式、无填料式；按用途分为工业用熔断器、保护半导体器件熔断器及自复式熔断器等。

特别提示

熔断器使用选择

(1) 按照线路要求和安装条件选择熔断器的型号，容量小的电路选择半封闭式或无填料封闭式，短路电流大的选择有填料封闭式，半导体元件选择快速熔断器。

(2) 按照线路电压选择熔断器的额定电压。

(3) 根据负载特性选择熔断器的额定电流。

(4) 选择多级熔体配合时，后一级应比前一级小，总闸和各分支电流不一样，熔丝的选择也不一样。

1.3.6　主令电器

主令电器用于在控制电路中以开关接点的通断形式来发布控制命令，使控制电路执行对应的控制任务。主令电器应用广泛，种类繁多，常见的有按钮、行程开关、接近开关、万能转换开关、主令控制器、选择开关、足踏开关等。

1. 控制按钮

控制按钮俗称按钮或按钮开关。

(1) 作用：在电路中发出启动或者停止指令，是一种短时间接通或断开小电流电路的手动控制器，常控制点启动器、接触器、继电器等电器线圈电流的接通或断开。

(2) 外形结构与符号如图 1-17 所示。

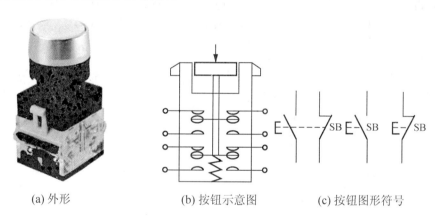

(a) 外形　　　　(b) 按钮示意图　　　　(c) 按钮图形符号

图 1-17　按钮开关外形结构与图形符号

(3) 型号及含义表示如图 1-18 所示。

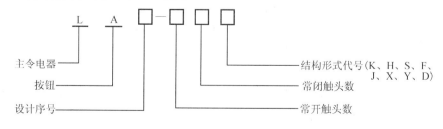

图 1-18　型号与含义

(4) 按钮的颜色含义见表1-6。

表1-6 颜色含义

颜色	含义	举例
红	处理事故	紧急停机 扑灭燃烧
	"停止"或"断电"	正常停机 停止一台或多台电动机 装置的局部停机 切断一个开关 带有"停止"或"断电"功能的复位
绿	"启动"或"通电"	正常启动 启动一台或多台电动机 装置的局部启动 接通一个开关装置(投入运行)
黄	参与	防止意外情况 参与抑制反常的状态 避免不需要的变化(事故)
蓝	上述颜色未包含的任何指定用意	凡红、黄和绿色未包含的用意,皆可用蓝色
黑、灰、白	无特定用意	除单功能的"停止"或"断电"按钮外的任何功能

(5) 按钮分类:从外形和操作方式上可以分为平钮和急停按钮,急停按钮也叫蘑菇头按钮,另外还有钥匙钮、旋钮、拉式钮、万向操纵杆式、带灯式等多种类型。

特别提示

控制按钮使用选择

(1) 根据使用场合选择控制按钮的种类,如开启式、防水式、防腐式等。

(2) 根据用途选用合适的型式,如钥匙式、紧急式、带灯式等。

(3) 按控制回路的需要确定不同的按钮数,如单钮、双钮、三钮、多钮等。

(4) 按工作状态指示和工作情况的要求选择按钮及指示灯的颜色。

2. 行程开关

行程开关俗称限位开关。它是一种实现行程控制小电流(5A以下)的主令电器。

(1) 作用:利用机械运动部件的碰撞使其触头动作,通过触头的开合控制其他电器来控制运动部件的行程,或运动一定行程使其停止,或在一定行程内自动返回或自动循环,从而达到控制部件的行程、运动方向或实现限位保护的功能。

(2) 外形结构与符号如图1-19所示。

(3) 分类:按运动形式可分为直动式、微动式、转动式等;按触点的性质分可为有触点式和无触点式。

(4) 型号及含义表示如图1-20所示。

(a) 外形

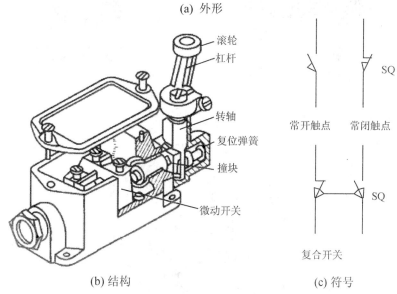

(b) 结构

(c) 符号

图 1-19 行程开关外形、结构、图形符号

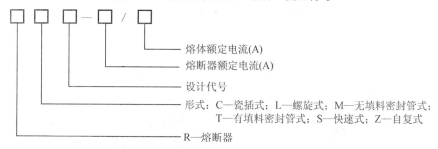

熔体额定电流(A)

熔断器额定电流(A)

设计代号

形式：C—瓷插式；L—螺旋式；M—无填料密封管式；
T—有填料密封管式；S—快速式；Z—自复式

R—熔断器

图 1-20 型号与含义

 特别提示

使用选择：主要根据控制使用环境和需要来选定。

1.4 实训操作指导

1.4.1 接触器的拆装

1. CJT1-10接触器外观

外观结构如图1-21所示。

图1-21 CJT1-10接触器外观

2. 拆卸过程

(1) 松开线圈外部固定螺丝(两颗)，如图1-22所示。

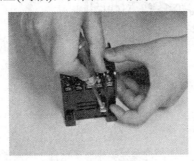

图1-22 松开外部固定螺丝

(2) 松开底盖螺丝(两颗)，如图1-23所示。

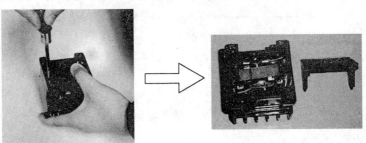

(a) 松开底盖螺丝　　　　　　　　　　(b) 分离底盖

图1-23 松开底盖螺丝

由于内部有反作用力弹簧，所以在松开螺丝时用手指适当用力按住底盖，防止松开螺丝后内部元件弹出来。

（3）取出铁心、弹簧夹片和反作用力弹簧，如图 1-24 所示。

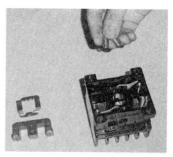

（a）取出铁心　　　　（b）取出弹簧夹片　　　　（c）取出反作用力弹簧

图 1-24　取出铁心、弹簧夹片、反作用力弹簧

（4）取出线圈，如图 1-25 所示。

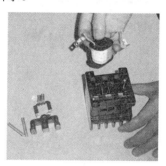

图 1-25　取出线圈

3．接触器的安装

安装过程与拆除的过程相反，此处略。

4．接触器的检测

接触器的检测是要对线圈、主触头以及辅助触头进行检测，图 1-26 是对接触器线圈的检测，用 MF-47 型万用表 R×10Ω挡，测量线圈两端的阻值，该型号接触器的线圈阻值约为 500Ω。如果所测阻值为零，则说明线圈内部短路；如果所测阻值为∞，则说明线圈内部开路。

图 1-26　线圈的测量

主触头的检测方法(图 1-27)：用 MF-47 型万用表 R×1kΩ或 10kΩ挡，正常情况下所测的阻值应该为∞大。

图 1-27　主触头的测量

辅助常闭触头的检测方法(图 1-28)：用 MF-47 型万用表 R×1Ω挡，正常情况下所测阻值应该接近于零。

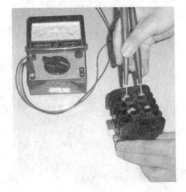

图 1-28　辅助常闭触头的测量

辅助常开触头的检测方法与主触头的检测方法相同。

1.4.2　行程开关的拆装

1.　JLXK1-211 型行程开关外观

JLXK1-211 型行程开关外观如图 1-29 所示。

图 1-29　行程开关外观

2. 拆卸过程

(1) 打开外壳盖子，如图 1-30 所示。

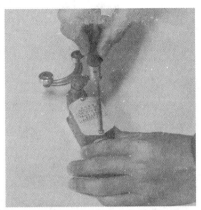

图 1-30　打开外壳盖子

(2) 卸下触点系统，如图 1-31 所示。

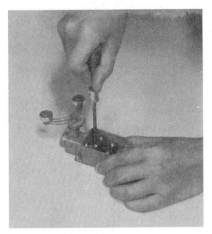

图 1-31　卸下触点系统

(3) 打开触头系统的外壳盖，如图 1-32 所示。

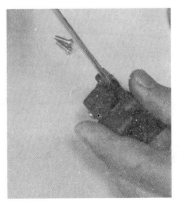

图 1-32　打开触头系统的外壳盖

(4) 触头系统内部结构如图 1-33 所示。

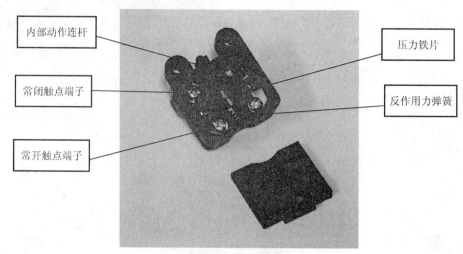

图 1-33　触头系统内部结构

在打开触头系统的外壳盖时，由于内部有反作用力弹簧，所以要掌握好力度，不要把内部动作连杆端拨走位，以防止压力铁片弹出。

(5) 外部连杆的拆卸如图 1-34 所示。

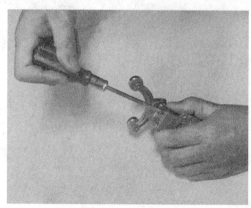

图 1-34　外部连杆的拆卸

(6) 外部连杆结构如图 1-35 所示。

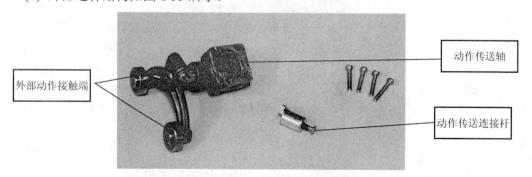

图 1-35　外部连杆结构

3. 安装过程

行程开关的安装过程与拆卸过程完全相反。在安装外部连接杆的时候，要注意动作传送杆与动作传送轴和内部连接杆的位置。在实际应用接线时，应注意外部连杆的方向和内部接线端的触点状态。

4. 行程开关的检测

行程开关的检测主要是对常开触点与常闭触点进行测量，如图 1-36 所示。

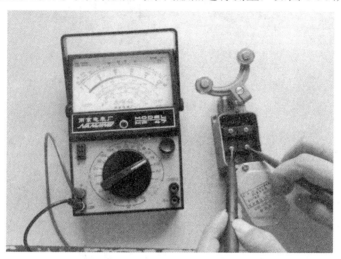

图 1-36　触点的测量

在对常开或常闭触电进行测量时，其外部连杆的方向不能动作。对常开触点进行测量时，与接触器的主触头测量方法相同；测量常闭触点时，与接触器的辅助常闭触头的测量方法相同。

1.4.3　时间继电器的拆装

1. JS7-1A 型时间继电器的外观

JS7-1A 型时间继电器的外观如图 1-37 所示。

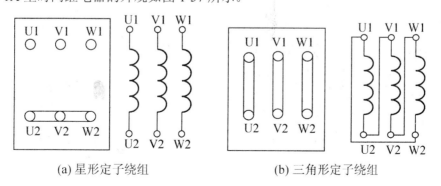

(a) 星形定子绕组　　　　　　　　　(b) 三角形定子绕组

图 1-37　接线方式

2. 拆卸过程

(1) 线圈的拆卸如图 1-38 所示。

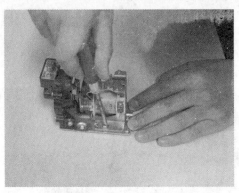

图 1-38　线圈的拆卸

(2) 线圈支架的拆卸如图 1-39 所示。

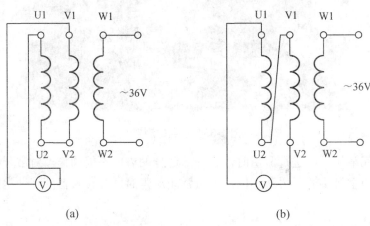

(a)　　　　　　　　　　　　　　　　(b)

图 1-39　a 电压表有读数　　　b 电压表无读数

拆卸线圈支架时，用两拇指用力按住支架钩，往外按的同时，稍微向下用力方可取出。

(3) 定时系统的拆卸如图 1-40 所示。

(a) 拆卸定时系统

(b) 分离后的定时系统

图 1-40　定时系统的拆卸

3. 时间继电器的安装

安装过程与拆卸过程刚好相反，此处略。

4. 时间继电器的检测

根据时间继电器的外部结构得知，它有常开、常闭触头各一组，还有一组线圈触头。其常开、常闭触头的测量方法与交流接触器辅助常开、常闭触头测量方法一样；而线圈的测量方法是用 MF-47 型万用表 R×10Ω或 R×100Ω挡，测量其线圈两端的阻值，该型号的线圈阻值约为 1.2kΩ，如所测阻值为零，则线圈内部短路；如所测阻值为∞大，则线圈内部开路，如图 1-41 所示。

图 1-41　时间继电器的检测

1.5　质量评价标准

项目质量考核要求及评分标准见表 1-7。

表 1-7　项目质量考核要求及评分标准

考核项目	考核要求	配分	评分标准	扣分	得分	备注
交流接触器	1. 基础知识	10	(1) 指出交流接触器各部件的名称，2 分/处； (2) 交流接触器的命名方式，1 分/项； (3) 写出交流接触器的文字、图形符号，3 分/项			
	2. 检测与维修	20	(1) 对交流接触器各触点的检测，2 分/项； (2) 对检测数据不正常的分析原因，5 分/故障； (3) 对常见故障的排除，5 分/处			
行程开关	1. 基础知识	10	(1) 指出行程开关各部件的名称，2 分/处； (2) 行程开关的命名方式，1 分/项			
	2. 检测与维修	20	(1) 对行程开关各触点的检测，2 分/项； (2) 对检测数据不正常的分析原因，5 分/故障； (3) 对常见故障的排除，5 分/处			

续表

考核项目	考核要求	配分	评分标准	扣分	得分	备注
时间继电器	1. 基础知识	10	(1) 指出时间继电器各部件的名称，2 分/处； (2) 时间继电器的命名方式，1 分/项			
	2. 检测与维修	20	(1) 对时间继电器各触点的检测，2 分/项； (2) 对检测数据不正常的分析原因，5 分/故障； (3) 对常见故障的排除，5 分/处			
安全生产	自觉遵守安全文明生产规程	10	(1) 每违反一项规定，扣 3 分； (2) 发生安全事故，0 分处理			
时间	1.5 小时		(1) 提前正确完成，每 5 分钟加 2 分； (2) 超过定额时间，每 5 分钟扣 2 分			
开始时间			结束时间	实际时间		

1.6　知 识 进 阶

1.6.1　三相异步电动机的基础知识

电动机是利用电磁感应原理，将电能转换为机械能并输出机械转矩的设备。为了保证电动机安全、可靠地运行，电动机必须定期进行维护与检修。维修电动机不仅要掌握电动机的维护知识，使其经常处于良好的运行状态，而且还要掌握异常状态的判断、故障原因的鉴别以及正确迅速地进行修复的技能。电动机按照结构可分为三相笼型异步电动机和三相绕线转子异步电动机。最常用的就是三相笼型异步电动机。

1. 三相异步电动机的基本结构

结构如图 1-42 所示。

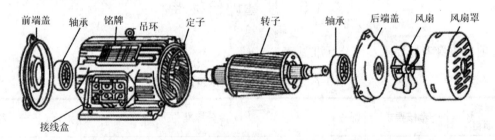

前端盖　轴承　铭牌　吊环　定子　转子　轴承　后端盖　风扇　风扇罩

接线盒

图 1-42　三相异步电动机结构

主要结构部件及作用：①定子部分，包括定子铁心、定子绕组和机座，作用是通入三相交流电后产生旋转磁场；②转子部分，包括转子铁心、转子绕组和转动轴，作用是产生感应电动势与感应电流，形成电磁转矩。

2. 三相异步电动机定子绕组的接线方式

定子绕组组成电动机的电路部分，它是由若干线圈组成的三相绕组，在定子圆周上均匀分布，按一定的空间角度嵌放在定子铁心槽内。每相绕组有两个引出线端，一个为首端，另一个为尾端。三相绕组共有 6 个引出端，分别引到机座接线盒内的接线柱上。通过改变接线柱间连接片的连接关系，根据供电电压不同，三相定子绕组可以接成星形(Y)，也可以接成三角形(△)，如图 1-43 所示。

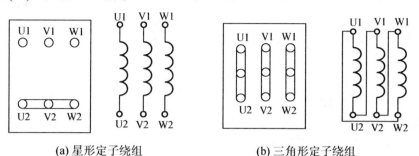

　　(a) 星形定子绕组　　　　　　　　(b) 三角形定子绕组

图 1-43　接线方式

3. 三相异步电动机的工作原理

　　电动机有三相对称定子绕组，接通三相对称交流电源后，绕组中流有三相对称电流，在气隙中产生一个旋转磁场，转速为 n_0，其大小取决于电动机的电源频率 f 和电动机的极对数 p，即 $n_0=60f/p$。此旋转磁场切割转子导体，在其中感应电动势和感应电流，其方向可用右手定则确定。此感应电流与磁场作用产生转矩，转矩方向可用左手定则确定，于是电动机便顺着旋转磁场方向旋转，但转子速度 n 必须小于 n_0，否则转子中无感应电流，也就无转矩。转子转速 n 略低于且接近于同步转速 n_0，这是异步电动机"异步"的由来。通常用转差率表示转子转速 n 与同步转速 n_0 相差的程度，即 $S=(n_0-n)/n_0$。一般在额定负载时，三相异步电动机的转差率在 1%～9% 之间。

4. 三相异步电动机的铭牌

　　每台异步电动机的机座上都装有一块铭牌，它表明了电动机的类型、主要性能、技术指标和使用条件，为用户使用和维修提供了重要依据，见表 1-8。

表 1-8　三相异步电动机铭牌

三相异步电动机			
型号Y-112M-4		编号	
4.0kW		8.8A	
380V	1440r/min	LW82dB	
接法△	防护等级 IP44	50Hz	45kg
标准编号	工作制 S1	B 级绝缘	年　月
××电机厂			

1) 型号 Y-112M-4

铭牌上型号 Y-112M-4 的含义如图 1-44 所示。

图 1-44　型号含义

2) 额定功率

额定功率指电动机按铭牌所给条件运行时轴端所能输出的机械功率,单位为千瓦(kW)。

3) 额定电压

额定电压指电动机在额定运行状态下加在定子绕组上的线电压,单位为伏(V)。

4) 额定电流

额定电流指电动机在额定电压和额定频率下运行,输出功率达额定值时电网注入定子绕组的线电流,单位为安(A)。

5) 额定频率

额定频率指电动机所用电源的频率。

6) 额定转速

额定转速指电动机转子输出额定功率时每分钟的转数。通常额定转速比同步转速(旋转磁场转速)低 2%～6%。其中同步转速、电源频率和电动机磁极对数的关系是:

$$同步转速 = \frac{60 \times 频率}{磁极对数}$$

二极电动机(一对磁极):

$$同步转速 = \frac{60 \times 50}{1} = 3\,000(r/min)$$

四极电动机(两对磁极):

$$同步转速 = \frac{60 \times 50}{2} = 1\,500(r/min)$$

其他极数的电动机的上述关系依此类推。

7) 连接方法

连接方法指电动机三相绕组 6 个线端的连接方法。将三相绕组首端 U1、V1、W1 接电源,尾端 U2、V2、W2 连接在一起,叫星形(Y)连接。若将 U1 接 W2、V1 接 U2、W1 接 V2,再将这 3 个交点接在三相电源上,叫三角形(△)连接。

8) 定额

电动机定额分连续、短时和断续 3 种。连续是指电动机连续不断地输出额定功率而温升不超过铭牌允许值。短时表示电动机不能连续使用,只能在规定的较短时间内输出额定功率。断续表示电动机只能短时输出额定功率,但可以断续重复启动和运行。

9) 温升

电动机运行中,部分电能转换成热能,使电动机温度升高。经过一定时间,电能转换的热能与机身散发的热能平衡,机身温度达到稳定。在稳定状态下,电动机温度与环境温度之差叫电动机温升。而环境温度规定为 40℃,如果温升为 60℃,表明电动机温度不能超过 100℃。

10) 绝缘等级

绝缘等级指电动机绕组所用绝缘材料按它的允许耐热程度规定的等级,这些级别为:A 级,105℃;E 级,120℃;F 级,155℃。

11) 功率因数

功率因数指电动机从电网所吸收的有功功率与视在功率的比值。视在功率一定时,功率因数越高,有功功率越大,电动机对电能的利用率也越高。

5. 三相异步电动机的测量

三相异步电动机定子绕组首尾端的判别：当三相定子绕组重绕以后或将三相定子绕组的连接片拆开以后，此时定子绕组的 6 个出线头往往不易分清，则首先必须正确判定三相绕组的 6 个出线头的首末端，才能将电动机正确接线并投入运行。

对装配好的三相异步电动机定子绕组，用 36V 交流电源法和剩磁感应法判别出定子绕组的首尾端。具体步骤如下：

1) 用 36V 交流电源法判别绕组首尾端

(1) 用万用表欧姆挡(R×10Ω或 R×1Ω)分别找出电动机三相绕组的两个线头并做好标记。

(2) 先给三相绕组的线头做假设编号 U1、U2；V1、V2；W1、W2，并把 V1、U2 按图 1-45 所示连接起来，构成两相绕组串联。

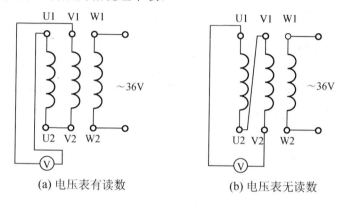

(a) 电压表有读数   (b) 电压表无读数

图 1-45   将 V1、U2 连接起来

(3) 将 U1、V2 线头上接万用表交流电压挡。

(4) 在 W1、W2 上接 36V 交流电源，如果电压表有读数，说明线头 U1、U2 和 V1、V2 的编号正确。如果无读数，则把 U1、U2 或 V1、V2 中任意两个线头的编号对调一下即可。

(5) 再按上述方法对 W1、W2 两个线头进行判别。

2) 用剩磁感应法判别绕组首尾端

(1) 用万用表欧姆挡分别找出电动机三相绕组的两个线头，做好标记。

(2) 先给三相绕组的线头做假设编号 U1、U2；V1、V2；W1、W2。

(3) 按图 1-46 所示接线，用手转动电动机转子。由于电动机定子及转子铁心中通常均有少量的剩磁，当磁场变化时，在三相定子绕组中将有微弱的感应电动势产生。此时若并接在绕组两段的微安表(或万用表微安挡)指针不动，则说明假设的编号是正确的；若指针有偏转，说明其中有一相绕组的首尾端假设标号不对。应逐一相对调重测，直至正确为止。

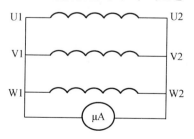

图 1-46   连接方式

1.6.2　讨论

小组成员之间、小组与小组之间相互讨论在安装电路过程中的一些心得体会，总结出自己感觉比较好的一些安装技巧、经验和方法。

习　题

一、填空题

1．低压电器的基本结构是_____、_____、_____。

2．熔断器又叫保险丝，用于电路的_____保护，使用时应_____接在电路中。

3．接触器可用于频繁通断_____电路，又具有_____保护作用。

4．行程开关也称_____开关，可将_____信号转化为电信号，通过控制其他电器来控制运动部分的行程大小、运动方向或进行限位保护。

5．接触器与继电器的触点可以互换的决定条件是_____相同、_____相同、_____相同。

6．接触器的额定电压是指_____上的额定电压。

二、简答题

1．画出热继电器的热元件和触头的符号，并标出文字符号。

2．交流接触器的主触头、辅助触头和线圈各接在什么电路中？如何连接？

3．何为热继电器的整定电流？如何调节？热继电器的热元件和触头在电路中如何连接？热继电器会不会因电动机的启动电流过大而动作？为什么在电动机过载时会动作？

4．说明三相异步电动机定子绕组首尾端的判别方法。

项目 2

三相异步电动机点动
与连续运行控制

2.1 项 目 任 务

本项目内容见表 2-1。

表 2-1 三相异步电动机点动与连续运行控制项目内容

项目内容	(1) 掌握三相异步电动机几种基本的单向运行控制线路； (2) 掌握电气原理图绘制的原则与方法； (3) 能够对具有过载保护点动、连续运行控制电路装调； (4) 能够对电路中常见故障进行分析、排除
重难点	(1) 电气原理图的设计； (2) 元器件布局与线路布局设计； (3) 电路故障分析与排除
参考的相关文件	《GB/T 13869—2008 用电安全导则》 《GB 19517—2009 国家电气设备安全技术规范》 《GB/T 25295—2010 电气设备安全设计导则》 《GB 50054—2011 低压配电设计规范》 《GB/T 6988.1—2008 电气技术用文件的编制　第 1 部分：规则》
操作原则与安全注意事项	(1) 一般原则：方案的设计必须遵循低压线路安装工艺原则制定；线路图必须合理度高； (2) 安装过程：在安装过程中，必须遵循 5S 标准实施；组装电路必须具备安全性高、可靠性强的特点； (3) 调试过程：必须对线路进行相关检测，然后经指导教师检查同意后，方可通电试车； (4) 故障分析：在对常见故障进行分析和排除时应科学分析、仔细检查；在自己确实无法排除故障时，可请教指导教师

项目导读

　　三相异步电动机的点动与连续运行是电动机控制系统中最为基本的控制环节，具有实用范围广、价值高、价格低、安装方便等特点，如机床的对刀、小型钻砂轮机等。图 2-1 所示为小型台钻。

图 2-1　小型台钻

1. 电气原理图绘制任务书

电气原理图绘制任务书见表 2-2。

表 2-2　绘制原理图

××学院	低压电气装调任务书	文件编号		共 3 页/第 1 页
工序号：1	工序名称：绘制原理图	版　　次		

作业内容

1	按照控制要求绘制原理图（主电路图和控制电路图）
2	按照线路板的大小绘制元件布线图
3	在每个图形符号旁都必须标注文字符号
4	所有按钮、触点均按没有外力作用和没有通电时的原始状态画出
5	在采用软件绘制图纸时，可以选哪些软件绘制

使用工具

1	十字螺丝刀、万用表、刀片、镊子、毛刷子

※工艺要求（注意事项）

1	各电气元件的图形符号和文字符号必须与电气原理图一致，并符合国家标准
2	原理图中，各电气元件和部件在控制线路中的位置应根据便于阅读的原则安排。同一电气元件的各个部件可以不画在一起
3	电器元件的布置应考虑整齐、美观、对称。外形尺寸与结构类似的电器安装在一起，以利安装和配线
4	熟悉《GB/T 13869—2008 用电安全导则》
5	熟悉《GB 19517—2009 国家电气设备安全技术规范》

编制		批　准		
审核		生产日期		

1. 电气原理图

2. 元件布置图

更改标记				
更改人签名				

2. 列出元件清单并检测相关器件任务书

列出元件清单并检测相关器件任务书见表 2-3。

表 2-3 元件清单及对器件进行检测

××学院	低压电气装调任务书	文件编号	
		版　次	
工序号：2	工序名称：列出元件清单并检测相关器件	共 3 页/第 2 页	

元件清单列表

序号	名称	型号与规格	单位	数量
1	电工常用工具	万用表、尖嘴钳、剥线钳等	套	1
2	万用表	FM-47 型	台	1
3	兆欧表	ZC25-4 型	台	1
4	三相异步电动机	DQ10-100W-220V	台	1
5	交流接触器	CJT0-10	个	1
6	热继电器	JR36-20	个	1
7	按钮开关	LA4-3H	只	1
8	端子排		节	若干
9	导线	2.5mm²(1.5mm²)	m	若干

作业内容

1	根据原理图列出元件清单明细表
2	根据控制的需要，选择元件的具体型号
3	用相关仪表对所用器件好坏进行检测
4	电动机使用的电源电压与铭牌上规定的相一致
5	根据原理图的需要，合理选择控制电路和主电路连接线径的大小

使用工具

万用表、尖嘴钳、剥线钳、一字和十字螺丝刀、试电笔、镊子、电工刀

※工艺要求(注意事项)

1	测量 KM 主触头和辅助常开触头时，用 $R \times 1\Omega$ 挡，其阻值接近于零则正常；测量 KM 常闭触头时，用 $R \times 1k\Omega$ 或者 $R \times 100\Omega$ 挡位，其阻值为∞则正常；测量 KM 线圈时，用 $R \times 10\Omega$ 或者 $R \times 100\Omega$ 挡位，所测阻值应该在 500Ω 左右
2	测量 FR 热元件时，用 $R \times 1\Omega$ 挡位对热元件和常闭触头闭合测量，其阻值接近于零为正常；对常开触头采用 $R \times 1k\Omega$ 挡，其阻值为∞，则正常
3	对三相异步电动机好坏进行测量时要对相同绝缘电阻、对地绝缘电阻，三相绕组通路和定子绕组直流电阻值进行测量
4	按钮开关常闭端使用 $R \times 1\Omega$ 挡，其阻值接近于零则正常；常开端用 $R \times 1k\Omega$ 或者 $R \times 10k\Omega$ 挡位测量，其阻值为∞正常

1. 接触器的检测　　2. 热继电器的检测　　3. 按钮开关的检测

编制		批准	
审核		生产日期	

更改标记	
更改人签名	

3. 元件的固定及线路的安装

元件的固定及线路的安装任务书见表 2-4。

表 2-4　元件的固定及线路的安装

××学院	低压电气装调任务书	文件编号	
工序号：3	工序名称：元件的固定及线路的安装	版　次	共 3 页/第 3 页

1. 器件的摆放	2. 接触器的固定	3. 热继电器的固定
4. 端子排的固定	5. 接线	6. 整形

	作 业 内 容
1	按照元件布置图固定相关器件，固定元件时，每个元件要放置整齐，上下左右要对正，间距要均匀
2	根据原理图合理地布线，接线时必须先接负载端，后接电源，先接地线，后接三相电源相线
3	连接线路时，严格按照安装工艺的要求组装
4	每根连接线要按照线号方向穿好线号管，出现故障时，便于检测、排除
5	在开关接线端，弹簧垫一定要加上；有多根线接出时，有几根线接出

使 用 工 具
万用表、尖嘴钳、剥线钳、一字和十字螺丝刀、试电笔、镊子、电工刀

	※工艺要求(注意事项)
1	通电试车前，必须把在组装电路时产生的断线、硬线及相关工具清理开，然后由指导老师接通三相电源 L1、L2、L3，并且要在现场监护
2	当按点动按钮开关时，观察接触器动作情况是否正常，是否符合线路功能要求，电器元件的动作是否灵活，有无卡阻及噪声过大等现象，电动机运行情况是否正常等
3	通电试车完毕，停转，切断电源。先拆除三相电源线，再拆除电动机

更改标记		批　准		编　制	
更改人签名		生产日期		审　核	

2.2 项 目 准 备

2.2.1 任务流程图

三相异步电动机点动与连续运行控制线路的装调流程图如图 2-2 所示。

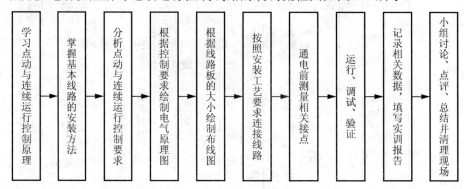

学习点动与连续运行控制原理 → 掌握基本线路的安装方法 → 分析点动与连续运行控制要求 → 根据控制要求绘制电气原理图 → 根据线路板的大小绘制布线图 → 按照安装工艺要求连接线路 → 通电前测量相关接点 → 运行、调试、验证 → 记录相关数据，填写实训报告 → 小组讨论、点评、总结并清理现场

图 2-2 任务流程图

2.2.2 环境设备

学习所需工具、设备见表 2-5。

表 2-5 工具、设备清单

序号	分类	名称	型号规格	数量	单位	备注
1	工具	常用电工工具		1	套	
2		万用表	MF-47	1	台	
3		交流接触器	CJ20-10	1	个	
4		热继电器	JR20-10L	1	个	
5	元器件	三相电源插头	16A	1	个	
6		三相异步电动机	Y 系列 80-4	1	台	
7		按钮开关	LA4-3H	1	组	

2.3 背 景 知 识

2.3.1 点动控制线路的工作原理

根据图 2-3 所示，当按点动按钮 SB 开关时，接触器线圈 KM 通电，同时接触器 KM 主触头闭合，三相异步电动机开始转动。当松开 SB 开关时，接触器线圈 KM 失电，同时接触器 KM 主触头断开，三相异步电动机停止转动；图 2-4 与图 2-5 是对应的元件布置图与电路接线图。

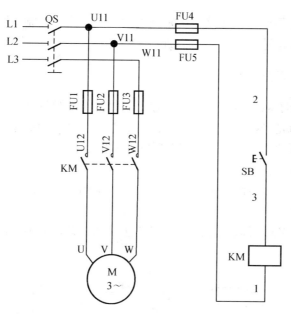

图 2-3　电气原理图

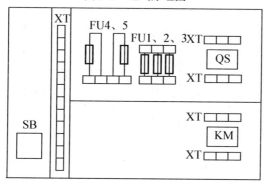

图 2-4　元件布置图

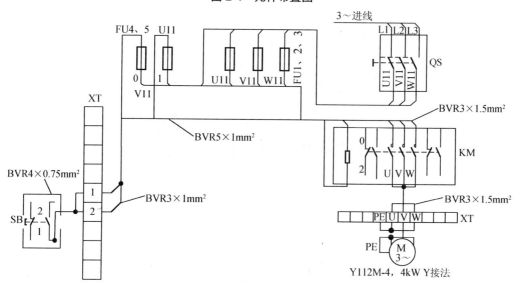

图 2-5　电路接线图

点动控制线路与手动控制线路是区别是点动控制线路中控制电路与主电路不为同一回路，且控制元件为按钮开关 SB 和交流接触器 KM，便于实现远距离及自动控制。

2.3.2 连续运行控制工作原理

图 2-6 是连续运行控制线路，实际上就是利用接触器自锁功能而实现的。该电路与点动控制线路的区别就是当松开控制按钮 SB 开关时，电动机控制电路仍然处于接通状态，电动机实现连续运行状态；图 2-7 与图 2-8 是对应的元件布置图与电路接线图。

具体控制过程如下：

启动：按 SB1，KM 线圈得电，同时 KM 主触头闭合，KM 自锁触头闭合，电动机 M 连续运转。

停止：按 SB2，KM 线圈失电，同时 KM 主触头断开，KM 自锁触头断开，电动机 M 停止运转。

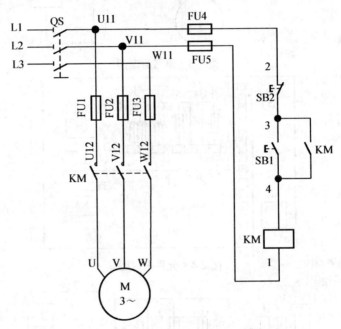

图 2-6　连续运行电气原理图

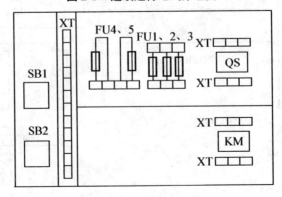

图 2-7　元件布置图

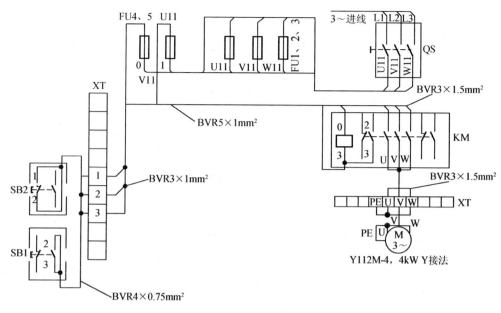

图 2-8　电路接线图

2.3.3　具有过载保护的连续运行控制线路

具有过载保护的连续运行控制线路是一种既能实现短路保护，又能实现过载保护的控制线路，如图 2-9 所示。它采用热继电器作为保护元件，当电路过载时，经过一段时间，串联在主电路中的发热元件受热发生弯曲，使串联在控制电路中的热元件的动断触点断开，切断控制电路，使 KM 线圈失电，断开主触点，电动机停止运行。图 2-10 与图 2-11 是对应的元件布置图与电路接线图。

具有过载保护的连续运行控制线路的工作原理与连续运行控制线路的工作原理相同。但是前者增加了保护元件热继电器 FR，这是因为电动机在运行过程中，长期负载过大、频繁启动或者缺相运行都可能使电动机定子绕组的电流增大，超过其额定值，而在这种情况下熔断器往往熔不断，从而引起定子绕组过热，使温度超过允许值，就会造成绝缘损坏，缩短电动机寿命，严重时会烧毁电动机的定子绕组。因此在电动机控制电路中，必须采用过载保护措施。

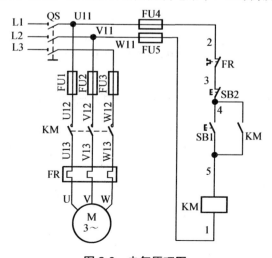

图 2-9　电气原理图

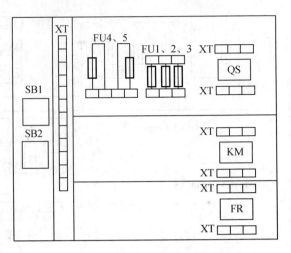

图 2-10　元件布线图

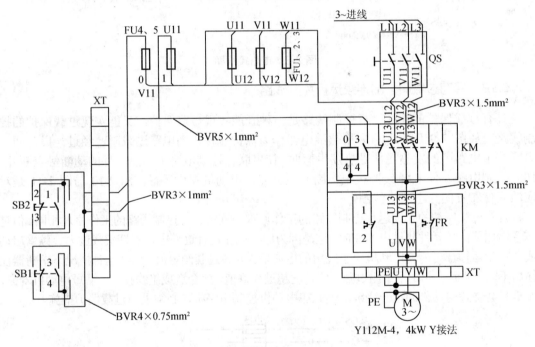

图 2-11　接线图

2.4　点动与连续运行的控制线路实现

同时具有点动和连续运行的控制线路的工作原理与点动、连续控制线路的工作原理是差不多的，只是在连续运行控制线路的基础之上增加了一个手动开关，就将点动和连续运行线路合为一个控制线路。

具体控制过程如下。

1．连续运行控制

启动：按 SB1，KM 线圈得电，同时 KM 主触头闭合，KM 自锁触头闭合，电动机 M

连续运转。

停止：按 SB2，KM 线圈失电，同时 KM 主触头断开，KM 自锁触头断开，电动机 M 停止运转。

2. 点动运行控制

启动：按 SB3，SB3 常闭触头断开，同时 SB3 常开触头闭合，KM 线圈得电，KM 自锁触头闭合，KM 主触头闭合，电动机 M 运转。

停止：松开 SB3，SB3 常开触头恢复断开，常闭触头恢复闭合，KM 线圈失电，KM 自锁触头断开，KM 主触头断开，电动机 M 停转。

2.5　实训操作指导

2.5.1　绘制原理图

根据控制要求绘制电气原理图(图 2-12)、元件布置图(图 2-13)和接线图(图 2-14)。

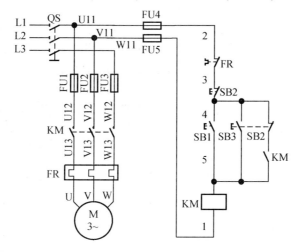

图 2-12　电气原理图

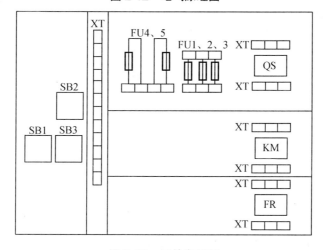

图 2-13　元件布置图

2.5.2　安装电路

1. 检查元器件

根据表 2-5 配齐元件，检查元件的规格是否符合要求，检测元件的质量是否完好。在本项目中需要检测的元器件有热继电器、交流接触器、电动机等。

2. 元件布局、安装与配线

(1) 元件的布局：元件布局时要参照接线图进行，若与书中所提示的元件不同，应该按照实际情况布局。

(2) 元件的安装：元件安装时每个元件要摆放整齐，上下左右要对整齐，间距要均匀。拧螺丝钉时一定要加弹簧垫，而且松紧适度。

(3) 配线：要严格按配线图配线，不能丢、漏，要穿好线号管并且线号方向一致。

3. 按照要求绘制接线图，固定元件(图 2-14)

按照要求绘制接线图(图 2-14)，固定元件。

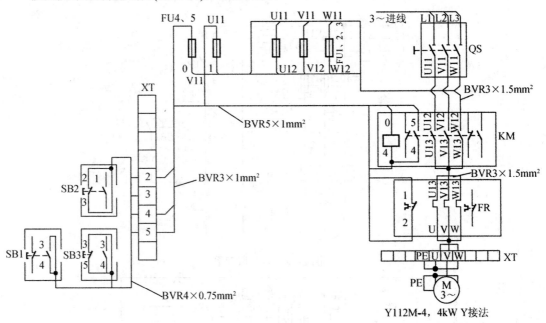

图 2-14　接线图

4. 检查电路连接

检测布线，对照接线图检查是否掉线、错线，是否漏编、错编线号，接线是否牢固等。

2.5.3　通电前的检测

1. 电阻测量法

检测时，首先将电源切断，将万用表选择至合适的挡位(一般 R×100Ω挡)，然后按照编制出的线号顺序对各个点依次测量，如图 2-15 所示。

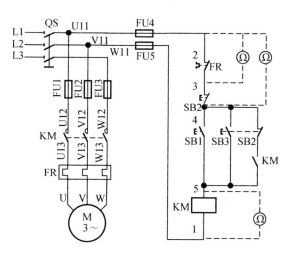

图 2-15　电阻测量法

2. 电压测量法

检测时，接通电源，然后将万用表选择合适的挡位(交流电压 500V)，接着把黑表笔接到 1 点的位置，用用表笔依次接到 2、3、4 点上，如图 2-16 所示。如果测得电压值都正常，在把两表笔接到 2 点和 5 点上测出两点间的电压。

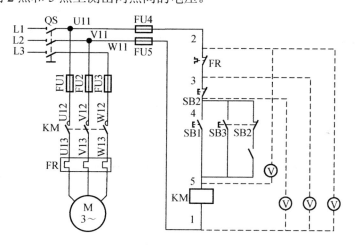

图 2-16　电压测量法

2.5.4　通电调试、监控系统

为保证人身安全，在通电试车时，要认真执行安全操作规程的有关规定，一人监护，一人操作。试车前，应检查与通电试车有关的电气设备是否有不安全的因素存在，若查出应该立即整改，然后方能试车。

(1) 通电试车前，由指导老师接通三相电源 L1、L2、L3，并且要在现场监护。

(2) 当按点动按钮开关时，观察接触器动作情况是否正常，是否符合线路功能要求，电器元件的动作是否灵活，有无卡阻及噪声过大等现象，电动机运行情况是否正常等。

(3) 通电试车完毕，停转，切断电源。先拆除三相电源线，再拆除电动机。

(4) 如有故障，应该立即切断电源，要求学生独立分析原因，检查电路，直至达到项目拟定的要求。若需要带电检查，必须在教师现场监护下进行。

2.6　质量评价标准

项目质量考核要求及评分标准见表 2-6。

表 2-6　质量评价表

考核项目	考核要求	配分	评分标准	扣分	得分	备注
元件的检查	将电路中所使用的元件进行检测	10	电器元件错检、漏检扣 1 分/个			
元件的安装	(1) 会安装元件; (2) 按图完整、正确及规范接线; (3) 按照要求编号	20	(1) 元件松动扣 2 分/处,有损坏扣 4 分/处; (2) 错、漏线每处扣 2 分/根; (3) 元件安装不整齐、不合理扣 3 分/个			
线路的连接	(1) 安装控制线路; (2) 安装主电路	20	(1) 未按照线路接线图布线扣 15 分; (2) 接点不符合要求扣一分/个; (3) 损坏连接导线的绝缘部分扣 5 分/个; (4) 接线压胶、反圈、芯线裸露过长扣 1 分/处; (5) 漏接接地线扣 5 分/处			
通电试车	调试、运行线路	40	(1) 第一次试车不成功扣 25 分; (2) 第二次试车不成功扣 30 分; (3) 第三次试车不成功扣 35 分			
安全生产	自觉遵守 5S 标准安全文明生产规程操作	10	(1) 每违反一项规定,扣 3 分; (2) 发生安全事故,0 分处理			
时间	2 小时		(1)提前正确完成,每 5 分钟加 2 分; (2) 超过定额时间,每 5 分钟扣 2 分			
开始时间		结束时间		实际时间		

2.7　知 识 进 阶

2.7.1　电气线路图的绘制方法与识图技巧

电气控制线路是由导线将电动机、电器、仪表等电器元件按照一定的要求、规则和方法连接起来以实现某种功能的电气线路。在进行电气控制线路的设计时,为了表达电气控制系统的结构、原理,便于进行电器元件的安装、调整、控制和维修,应本着简明易懂的原则,使用统一规定的电气图形符号和文字符号绘制电气控制线路图。

电气系统控制线路图有 3 种:电气原理图、电气元件布置图和电气接线图。

1. 常用电气图形符号、文字符号

电气控制线路图是电气工程技术的通用语言。为了便于交流和沟通,我国参照国际电工委员会(IEC)颁布的有关文件,制定了我国电气设备的有关标准,采用统一的图形和文字符号及回路标号。本书电气控制线路图的绘制符号符合 GB 4728.7—2008《电气图用图形符

号　第 7 部分：开关、控制和保护器件》的规定。常用电器图形、文字符号新图与旧图对照见表 2-7。

表 2-7　常用电器图形、文字符号新旧对照表

新符号		旧符号	
名称	图形符号	名称	图形符号
1) 限定符号和常用的其他符号			
直流		直流电	
交流		交流电	
交直流		交直流电	
接地一般户号		接地一般符号	
无噪声接地(抗干扰接地)			
保护接地			
接机壳或接底板	形式1: / 形式2:	接机壳	或
永久磁铁		永久磁铁(允许不注字母N、S)	
2) 导线和连接器件			
导线，电缆和母线一般符号		导线及电缆	
		母线	
三根导线的单线表示	或 3	三根导线的单线表示	
插头和插座		插接器一般符号	或
接通的连接片	或	连接片	
断开的连接片		换接片	

新符号		旧符号	
名称	图形符号	名称	图形符号
3) 电机、变压器及变流器			
三角形联结的三相绕组	△	三角形联结的三相绕组	△
开口三角形联结的三相绕组	△	开口三角形联结的三相绕组	△
星形联结的三相绕组	Y	星形联结的三相绕组	Y
中性点引出的星形联结的三相绕组	⊙	中性点引出的星形联结的三相绕组	⊙
星形联结的六项绕组	✳	星形联结的六项绕组	✳
交流测速发电机	TG ~		
直流测速发电机	TG ═		
交流力矩电动机	TM ~		
直流力矩电动机	TM ═		
串励直流电动机	TG ═	串励式直流电动机	或
三相笼型异步电动机	M 3~	三相笼型异步电动机	
单相笼型异步电动机	M 1~	单相笼型异步电动机	
三相异绕线转子异步电动机	M 3~	三相异绕线转子异步电动机	
变压器的铁心	▬▬	变压器的铁心	▬▬

新符号		旧符号	
名称	图形符号	名称	图形符号
4) 开关控制与保护装置			
动合(常开)触点		开关和转换开关的动合(常开)触头	
		继电器的动合(常开)触头	
		接触器(辅助触头)、控制器的动合(常开)触头	
动断(常闭)触头		开关和转换开关的动合(常闭)触头	
		继电器的动合(常闭)触头	
		接触器(辅助触头)、控制器的动合(常闭)触头	
先断后合的转换触点		开关和转换开关的切换触点	
		接触器和控制器的切换开关	
		单极转换的 2 个位置	
中间断开的转换开关		单极转换开关的 3 个位置	
先合后断的双向转换开关		不切断的转换开关的触点	
延时闭合的动合触点		时间继电器延时闭合的动合(常开)触点	
延时闭合的动合触点		时间继电器延时开启的动合(常开)触点	

新符号		旧符号	
名称	图形符号	名称	图形符号
延时闭合的动断 (常闭)触点		时间继电器延时 闭合动断	
延时断开动断(常闭) 触点		时间继电器延时开启动断 (常闭)触点	
手动开关的 一般符号			
动合(常开)按钮开关 (不闭锁)		带动合(常开)触点, 能自动返回的按钮	
动断(常闭)按钮开关 (不闭锁)		带动断(常闭)触点, 能自动返回的按钮	
带动断(常闭)和动合 (常开)触点的按钮开 关(不闭合)		带动断(常闭)和动合(常开) 触点,能自动返回的按钮	
自动复位的手动拉拔 开关			
旋钮开关、旋转开关 (闭锁)		带闭锁装置的按钮	

新符号		旧符号	
名称	图形符号	名称	图形符号
位置开关动合触点 限制开关动合触点		与工作机械联动的开关 动合(常开)触点	
位置开关动断触点 限制开关动断触点		与工作机械联动的开关 动断(常闭)触点	
组合位置开关			
单极四位开关		单极四位开关	
三极开关单线表示		三极开关单线表示	
三极开关多线表示		三极开关多线表示	
接触器的 主动合触点		接触器的动合 (常开)触点	
接触器的 主动断触点		接触器动断 (常闭)触点	

续表

新符号		旧符号	
名称	图形符号	名称	图形符号
断路器		自动开关的动合(常开)触点	
隔离开关		高压隔离开关	
热继电器驱动元件 (热元件)		热继电器热元件	
热继电器动断(常闭) 触头		热继电器常闭触头	

2. 电气原理图的绘制

电气原理图是为了便于阅读和分析控制电路的各种功能,用各种符号、电气连接联系起来描述全部或部分电气设备的工作原理的电路图。根据简单清晰的原则,电器原理图采用电器元件展开的形式绘制,它包括了所有电器元件导电部分和接线端子,但并不按照电器元件的实际安装位置和实际接线情况绘制,也不反映电器元件的大小。

电气原理图分为主电路和辅助电路。从电源到电动机的这部分电路为主电路,通过大电流。辅助电路包括控制电路、信号电路、照明电路以及保护电路等。辅助电路中通过的电流较小。控制电路由按钮、接触器(线圈、主触头和辅助触头)、继电器触头、热继电器的触头、信号灯、照明灯等组成。

电气原理图绘制原则如下。

(1) 主电路用粗实线绘制在图纸的左侧,其中电源电路用水平线绘制,受电力动力设备及其保护电器支路,应垂直于电源电路画出。

(2) 辅助电路用细实线绘制在图纸的右侧,应垂直绘制于两条水平电源线之间,耗能元件(如线圈、电磁铁、信号灯等)的一端应直接连接在接地的水平电源线上,控制触头连接在上方水平线与耗能元件之间。

(3) 主电路和辅助电路一般情况应按照动作顺序从上到下、从左到右依次排列。

(4) 各电器元件和部件在电气原理图中的位置应该根据便于阅读的原则安排,同一电器元件的多个部件可以不画在一起,但需要用同一文字符号标明。多个同一种类的电器元件可在文字符号后面加上数字序号。如两个接触器可用 KM1、KM2 文字符号区别。

(5) 主电路标号由文字符号和数字组成。文字符号用标明主电路中元件或线路的主要特征，数字标号用以区别电路不同线段。

(6) 三相交流电源引入线采用 L1、L2、L3 标记(分别对应以前的 A、B、C 三相，即对应色标黄、绿、红)，中性线为 N。电源开关之后的三相交流电源主电路分别按 U、V、W 顺序进行标记，接地端为 PE。

(7) 电动机分支电路接点标记采用三相文字代号后面加数字来表示，数字中的十位数表示电动机代号，个位数表示该支路接点的代号，从上到下按数值的大小顺序标记。如 U11 表示 M1 电动机的第一相的第一个接点代号，U12 为第一相的第二个接点代号，依此类推。

(8) 辅助电路中连接在一点上的所有导线具有同一电位而标注相同的线号，线圈、指示灯等以上线号标奇数，线圈、指示灯等以下电路线号标偶数。

(9) 原理图上尽可能减少线条和避免线条交叉。原理图中有直接连接的交叉导线连接点，用实心圆点表示；可拆接或测试点用空心圆点表示；无直接连接的交叉点则不画圆点。根据图面布置的需要，可以将表 2-7 中所示的图形符号逆时针旋转 90° 绘制。

(10) 对非电气控制和人工操作的电器，必须在原理图上用相应的图形符号表示其操作方法及工作状态。对同一机构操作的所有触头，应用机械连杆表示其联动关系。各个触头的运动方向和状态，必须与操作件的动作方向和位置协调一致。对与电气控制有关的机、液、气等装置，应用符号绘制出简图，以表示关系。

3. 电器元件布置图

电器元件布置图表示了各种电器设备在机械设备和电气控制柜中的实际安装位置，以提供电器设备各个单元的布局和安装工作所需要数据的图样。在绘制电器元件布置图时应遵循以下几条原则。

(1) 体积大和较重的电器应该安装在控制柜的下方。

(2) 安装发热元件时，要注意控制柜内所有元件的温度升高的范围应保持在它们的允许极限内。对散热很大的元件，必须隔离安装，必要时可采用冷风。

(3) 为提高电子设备的抗干扰能力，弱电部分应该加屏蔽和隔离。

(4) 元件的安排必须遵守规定的间隔和爬电距离，而且应考虑到电器的维修，电器元件的布置和安装不宜过密，应留有一定的空间位置，以便操作。

(5) 需要经常维护检修作调整用的电器(如插件部分、可调电阻、熔断器等)，安装位置不宜过高或者过低。

(6) 尽量将外形及结构尺寸相同的电气元件安装在一排，以利于安装和补充加工，而宜于布置，整齐美观。

(7) 电器布置应适当考虑对称，可从整个控制考虑对称，也可从某一部分布置考虑对称，具体应该根据机床结果特点而定。

4. 电气接线图的绘制

根据电气原理图和各电气控制装置的电器布置图，可以绘制电气接线图。绘制电气接线图应遵循以下原则。

(1) 接线图的绘制应符合国家、行业的规定。

(2) 电气接线图一律采用细实线绘制。

(3) 各电器元件用规定的图形符号绘制，同一电器元件的各部件必须画在一起。各电器元件在图中的位置应与实际安装位置保持一致。

(4) 各电器元件的文字符号及端子排的编号应与原理图一致，并按原理图的界限进行

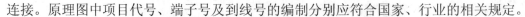
连接。原理图中项目代号、端子号及到线号的编制分别应符合国家、行业的相关规定。

(5) 走向相同的多根导线可用单线。

(6) 画连接导线时，应标明导线的规格、型号、根数和穿线管的尺寸。

(7) 要清楚表示出接线关系的接线走向。目前接线图中表示接线关系的画法有两种：①直接接线法，直接画出两个元件之间的连线，适用于简单的电气系统，电器元件少、接线关系不复杂的情况；②间接标注接线法，接线关系采用符号标注，不直接画出两元件之间的连线，适用于复杂的电气系统，电器元件多、接线关系比较复杂的情况。

(8) 不在同一控制柜或者配电屏上的电器元件的电气连线，除大线外，必须经过端子排。接线图中各元件的出现应用箭头标明。

(9) 端子排要排列清楚，便于查找。可按线号数字大小顺序排列，或按动力线、交流控制线、直流控制线分类后，再按线号排列。

5. 图面区域划分

为了便于检索电气线路，方便阅读电气原理图，应将图面划分为若干区域。图区的编号一般写在图的下部，在图 2-17 中，图面划分为了 8 个图区。图的上方设有用途栏，用文字标注该栏所对应下面电路或原件的功能，以利于理解电气原理图各部分的功能及全电路的工作原理。

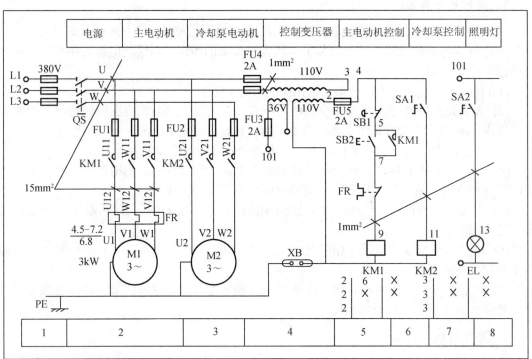

图 2-17　某机床电气原理图

6. 符号位置的索引

由于接触器、继电器的线圈和触头在电气原理图中不是画在一起的，其触头分布在图中所需的各个图区，为便于阅读，在接触器、继电器线圈的下方画出其触头的索引表。对于接触器，索引表中各栏的含义见表 2-8。

表 2-8　索引表各栏含义

左栏	中栏	右栏
主触头所在图区号	辅助动合触头所在图区号	辅助动断触头所在图区号

对于继电器，索引表中各栏的含义见表 2-9。

表 2-9　索引表各栏含义

左栏	右栏
辅助动合触头所在图区号	辅助动断触头所在图区号

例如，在图 2-17 中，接触器 KM1 的索引如图 2-18 所示。

此索引表明 KM1 有 3 对主触头在 2 图区，无辅助动合触头和辅助动断触头。

接触器 KM2 的索引如图 2-19 所示。

图 2-18　KM1 接触器索引图　　　　　图 2-19　KM2 接触器索引图

此索引表明 KM2 有 3 对主触头在 3 图区，1 对辅助动合触头在 6 图区，无辅助动断触头。"×"表示没有使用辅助动断触头，有时也可采用省去"×"的表示法。

2.7.2　讨论

小组成员之间、小组与小组之间相互讨论在安装电路过程中的一些心得体会，总结出自己感觉比较好的一些安装技巧、经验和方法。

习　　题

一、填空题

1. 在电气控制原理电路图中常用到几种"锁"字电路，如自锁、_____以及顺序联锁等。

2. _____电路是利用输出信号本身联锁来保持输出的动作。

3. _____电路是从电源到电动机或线路末端的电路，是强电流通过的电路，_____电路是小电流通过电路。

4. 点动控制电路是按_____按钮，_____通电吸合，_____闭合，电动机接入三相交流电源，电机起动旋转；松开按钮，_____断电释放，_____断开，电动机断电停转。

5. 用来表明电气原理中各元器件的实际安装位置的图称为_____。

6. _____是电气原理图的具体实现形式，它是用规定的图形符号按电器元件的实际位置和实际接线来绘制。

7．在电气原理图中基本的逻辑电路有＿＿＿＿＿＿＿逻辑电路、＿＿＿＿＿＿＿逻辑电路和＿＿＿＿＿＿＿逻辑电路。

8．电气原理图设计的基本方法有＿＿＿＿＿＿＿、＿＿＿＿＿＿＿两种。

9．主电路标号一般由＿＿＿＿＿＿＿和＿＿＿＿＿＿＿组成。

二、简答题

1．在电气控制线路中，常用的保护环节有哪些？各种保护的作用是什么？常用什么电器来实现相应的保护要求？

2．简述电器原理图的绘制原则。

3．电气控制电路的主电路和控制电路各有什么特点？

4．电气原理图的基本组成电路有哪些？

项目 3

三相异步电动机正反转控制电路的装调

3.1 项目任务

本项目内容见表 3-1。

表 3-1 三相异步电动机控制电路的装调项目内容

项目内容	(1) 掌握三相异步电动机正反转控制线路的工作原理； (2) 熟悉电气原理图绘制原则与方法； (3) 能够正确理解运用电气、开关互锁的电路； (4) 掌握三相异步电动机正反转控制的线路装调； (5) 能够对电路中常见故障进行分析、排除
重难点	(1) 电气原理图的设计； (2) 元器件布局与线路布局设计； (3) 电路故障分析与排除
参考的相关标准	《GB/T 13869—2008 用电安全导则》 《GB 19517—2009 国家电气设备安全技术规范》 《GB/T 25295—2010 电气设备安全设计导则》 《GB 50054—2011 低压配电设计规范》 《GB/T 6988.1—2008 电气技术用文件的编制 第 1 部分：规则》
操作原则与安全注意事项	(1) 一般原则：方案的设计必须遵循低压线路安装工艺原则制定；线路图必须合理度高； (2) 安装过程：在安装过程中，必须遵循 5S 标准实施；组装电路必须具备安全性高、可靠性强的特点； (3) 调试过程：必须对线路进行相关检查，然后经指导教师检查同意后，方可通电试车； (4) 故障分析：在对常见故障进行分析和排除时应科学分析、仔细检查；在自己确实无法排除故障时，可请教指导教师

项目导读

在实际生产中，机床工作台需要前进与后退；万能铣床的主轴需要正转与反转；起重机的吊钩上升与下降等都需要用到电动机的正反转控制来实现。三相异步电动机的正反转控制线路是通过改变接入三相异步电动机绕组的电源相序实现的。常见的控制线路有顺倒开关正反转控制线路、接触器联锁正反转控制线路、按钮联锁正反转控制线路、接触器和按钮联锁正反转控制线路。图 3-1 所示为工业吊车。

图 3-1　工业吊车

1. 电气原理图绘制任务书

电气原理图绘制任务书见表 3-2。

表 3-2　原理图的绘制

×× 学院		低压电气装调任务书	文件编号		共 3 页 第 1 页
工序号：1		工序名称：绘制原理图	版　次		作 业 内 容

	1	按照控制要求绘制原理图(主电路图和控制电路图)
	2	按照线路板的大小绘制元件布线图
绘制原理图	3	在每个图形符号旁都必须标注文字符号
	4	所有按钮、触点均按没有外力作用和没有通电时的原始状态画出
	5	该电路采用双重联锁控制

		使 用 工 具
		表 3-3 中的工具

※工艺要求(注意事项)

1	各电气元件的图形符号和文字符号必须与电气原理图一致，并符合国相关家标准
2	原理图中，各电气元件和部件在控制线路中的位置应根据便于阅读的原则安排。同一电气元件的各个部件可以不画在一起
3	电器元件的布置应考虑整齐、美观、对称。外形尺寸与结构类似的电器安装在一起，以利安装和配线
4	熟悉《GB/T 13869—2008 用电安全导则》
5	熟悉《GB 19517—2009 国家电气设备安全技术规范》

	批　准		
	生产日期		

编　制			更改标记
审　核			更改人签名

控制原理图

主电路和控制电路图

2. 列出元件清单并检测相关器件任务书

列出元件清单并检测相关器件任务书见表3-3。

表3-3　列出元件清单并检测相关器件

××学院	低压电气装调任务书		文件编号	
			版　次	共3页/第2页

工序号：2	工序名称：列出元件清单并检测相关器件

序号	名称	型号与规格	单位	数量
1	电工常用工具	万用表、尖嘴钳、剥线钳、电工刀等	套	1
2	万用表	FM-47型	台	1
3	兆欧表	ZC25-4型	台	1
4	三相异步电动机	DQ10-100W-220V	台	1
5	交流接触器	CJT0-10	个	2
6	热继电器	JR36-20	个	1
7	按钮	LA4-3H	只	1
8	端子排		节	若干
9	导线	2.5mm²（1.5mm²）	m	若干

元件清单列表

1. 接触器的检测　　2. 热继电器的检测　　3. 按钮开关的检测

作业内容

	作业内容
1	根据原理图列出元件清单明细表
2	根据控制的需要，选择元件的具体型号
3	用相关仪表对所用器件对其好坏进行检测
4	电动机使用的电源电压和绕组的接法必须与铭牌上规定的相一致
5	根据原理图的需要，合理选择控制电路和主电路连接线径的大小

使用工具

万用表、尖嘴钳、剥线钳、一字和十字螺丝刀、试电笔、镊子、电工刀

※工艺要求（注意事项）

1	测量KM主触头和辅助常开触头时，用R×1Ω挡，其阻值接近于零则正常；测量KM常闭触头时，用R×1kΩ或者10kΩ挡，其阻值值应在∞则正常；测量KM线圈时，用R×10Ω或R×100Ω挡，所测阻值应该在500Ω左右。
2	测量FR热元件时，用R×1Ω挡对热元件和常闭触头进行测量，其阻值接近于零则正常；对常开触头采用R×1kΩ或10kΩ挡，其阻值为∞则正常
3	对三相异步电动机好坏进行测量时要对相间绝缘电阻、对地绝缘电阻、三相绕组通路和定子绕组直流电阻值进行测量
4	按钮常闭端使用用R×1Ω挡，其阻值接近于零则正常，常开端用R×1kΩ或者10kΩ挡测量，其阻值为∞则正常

更改标记		制		批准	
更改人签名		审	核	生产日期	

3. 元件的固定及线路的安装任务书

元件的固定及线路路的安装任务书见表3-4。

表3-4 元件的固定及线路的安装

××学院	低压电气装调任务书	文件编号	
		版　次	
工序号：3	工序名称：元件的固定及线路的安装	共3页/第3页	

	作 业 内 容
1	按照元件布置图固定相关器件，固定元件时，每个元件要摆放整齐，上下左右要对正，同距要均匀
2	根据原理图合理地布线，接线时必须先接负载端，后接电源、先接地线、后接三相电源相线
3	连接线路时，羊眼圈要以顺时针方向整形，走线的过程中，尽量避免交叉现象；严格按照安装工艺要求组装
4	每根连接线一定要按照安装号方向穿好线号管，出现故障时便于检测，排除
5	在开关接线端，弹簧垫一定要加上；有多根线接出时，掌握好力度，防止用力过大而挣脱

使 用 工 具
万用表、尖嘴钳、剥线钳、一字和十字螺丝刀、试电笔、镊子、电工刀

	※工艺要求(注意事项)
1	通电试车前，必须把在组装电路时产生的断线、线头及相关工具清理开，然后由指导老师接通三相电源L1、L2、L3，并且要在现场监护
2	当按点动按钮开关时，观察接触器动作情况是否正常，是否符合线路功能要求，电器元件的动作是否灵活，有无卡阻及噪声过大等现象，电动机运行情况是否正常等
3	通电试车完毕，停转，切断电源。先拆除三相电源线，再拆除电动机
4	清理现场并记录好相关数据

元件固定、接线、整形及安装

编制		审核		批准		生产日期	

更改标记	
更改人签名	

3.2 项 目 准 备

3.2.1 任务流程图

三相异步电动机正反转控制线路的装调流程图如图 3-2 所示。

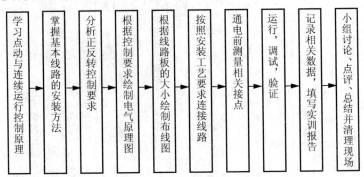

学习点动与连续运行控制原理 → 掌握基本线路的安装方法 → 分析正反转控制要求 → 根据控制要求绘制电气原理图 → 根据线路板的大小绘制布线图 → 按照安装工艺要求连接线路 → 通电前测量相关接点 → 运行，调试，验证 → 记录相关数据，填写实训报告 → 小组讨论、点评、总结并清理现场

图 3-2 任务流程图

3.2.2 环境设备

学习所需工具、设备见表 3-5。

表 3-5 工具、设备清单

序号	分类	名称	型号规格	数量	单位	备注
1	工具	常用电工工具		1	套	
2		万用表	MF-47	1	台	
3	元器件	交流接触器	CJ20-10	2	个	
4		热继电器	JR20-10L	1	个	
5		三相电源插头	16A	1	个	
6		三相异步电动机	Y 系列 80-4	1	台	
7		按钮开关	LA4-3H	1	组	

3.3 背 景 知 识

3.3.1 手动控制正反转线路

1. 原理图分析

手动控制正反转原理图如图 3-3 所示。

2. 工作过程分析

转换开关 SA 处在"正转"位置，电动机正转；转换开关 SA 处在"反转"位置，电动机的相序改变，电动机反转；转换开关 SA 处在"停止"位置，电源被切断，电动机停车。

电动机处于正转状态时，欲使之反转，必须把手柄扳到"停止"位置，先使电动机停转，然后再把手柄扳至"反转"位置。如直接由"正转"扳至"反转"，因电源突然反接，会产生很大的冲击电流，烧坏转换开关和电动机定子绕组。

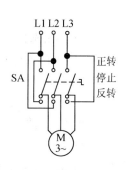

图 3-3　手动控制正反转原理图

3.　电气线路特点

优点：所用电器少，控制简单。

缺点：频繁换向时，操作不方便，无欠压，零压保护，只能适合于容量 5.5kW 以下的电动机的控制。

3.3.2　接触器联锁的正反转控制线路

1.　原理图分析

接触器联锁的正反转控制线路原理图如图 3-4 所示。

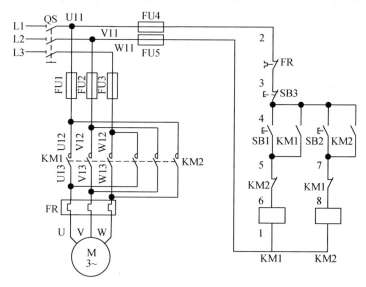

图 3-4　电气原理图

2.　工作过程分析

(1) 正转控制：按正转按钮 SB1，接触器 KM1 线圈得电，KM1 主触头闭合，电动机正转，同时 KM1 的自锁触头闭合，KM1 的互锁触头断开。

(2) 反转控制：先按停止按钮 SB3，接触器 KM1 线圈失电，KM1 的互锁触头闭合。然后按下反转按钮 SB2，接触器 KM2 线圈得电，从而 KM2 主触头闭合，电动机开始反转，同时 KM2 的自锁触头闭合，KM2 的互锁触头断开。

3.　线路优缺点

优点：工作安全可靠。
缺点：操作不方便。

3.4　双重联锁控制正反转线路的实现

双重连锁控制正反转线路的点路是在接触器联锁控制的基础之上在控制线路中增加

了按钮开关联锁控制，这种互锁关系能保证一个接触器断电释放后，另一个接触器才能通电动作，从而避免因操作失误造成电源相间短路。按钮和接触器的复合互锁使电路更安全可靠。

(1) 正转控制：按正转按钮 SB1，接触器 KM1 线圈得电，KM1 主触头闭合，电动机正转，同时 KM1 的自锁触头闭合，SB1 连锁接点断开，KM1 的互锁触头断开。

(2) 反转控制：按反转按钮 SB2，接触器 KM1 线圈失电，KM1 的互锁触头闭合，接触器 KM2 线圈得电，从而 KM2 主触头闭合，电动机开始反转，同时 KM2 的自锁触头闭合，SB2 连锁接点断开，KM2 的互锁触头断开。

(3) 接触器互锁：为了避免正转和反转两个接触器同时动作造成相间短路，在两个接触器线圈所在的控制电路上加了电气联锁，即将正转接触器 KM1 的常闭辅助触头与反转接触器 KM2 的线圈串联；又将反转接触器 KM2 的常闭辅助触头与正转接触器 KM1 的线圈串联。这样，两个接触器互相制约，使得任何情况下不会出现两个线圈同时得电的状况，起到保护作用。

(4) 按钮互锁：复合启动按钮 SB1、SB2 也具有电气互锁作用。SB1 的常闭触头串接在 KM2 线圈的供电线路上，SB2 的常闭触头串接在 KM1 线圈的供电线路上。

3.5　操 作 指 导

3.5.1　绘制原理图

根据控制要求绘制电气原理(图 3-5)、布线图(图 3-6)、接线图(图 3-7)。

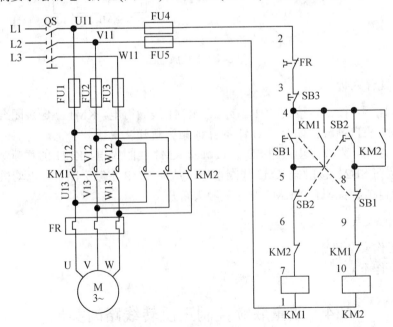

图 3-5　主电路及控制电路图

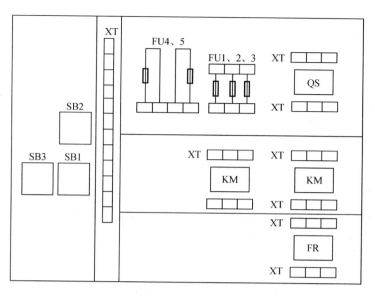

图 3-6　布线图

按照要求绘制接线图(图 3-7)，固定元件。

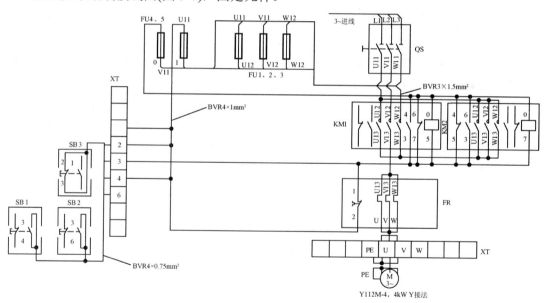

图 3-7　电路接线图

3.5.2　安装电路

1. 检查元器件

根据表 3-1 配齐元器件，检查元件的规格是否符合要求，检测元件的质量是否完好。在本项目中需要检测的元器件有热继电器，交流接触器、电动机。

2. 元器件布局、安装与配线

(1) 元器件的布局：元器件布局时要参照接线图进行，若与书中所提示的元器件不同，应该按照实际情况布局。

(2) 元器件的安装：元器件安装时每个元器件要摆放整齐，上下左右要对正，间距要均匀。拧螺丝钉时一定要加弹簧垫，而且松紧适度。

(3) 配线：要严格按配线图配线，不能丢、漏，要穿好线号并且线号方向一致。

3. 检查电路连接

检测布线，对照接线图检查是否掉线、错线，是否编漏、编错线号，接线是否牢固等。

3.5.3 通电前的检测

1. 电阻测量法

测量时，将万用表选择至合适的挡位(一般 R×100Ω挡)，然后按照控制编出的线号顺序对各个点依次测量。具体测量方法参照图 2-15。

2. 电压测量法

测量时，将万用表选择合适的挡位(交流电压 500V)，然后根据电压的走向，依次测量。具体测量方法参照图 2-16。

3.5.4 通电调试、监控系统

为保证人身安全，在通电试车时，要认真执行安全操作规程的有关规定，一人监护，一人操作。试车前，应检查与通电试车有关的电气设备是否有不安全的因素存在，若查出应该立即整改，然后方能试车。

(1) 通电试车前，由指导老师接通三相电源 L1、L2、L3，并且要在现场监护。

(2) 当按启动按钮开关时，观察接触器动作情况是否正常，是否符合线路功能要求，电器元件的动作是否灵活，有无卡阻及噪声过大等现象，电动机运行情况是否正常等。

(3) 通电试车完毕，停转，切断电源。先拆除三相电源线，再拆除电动机。

(4) 如有故障，应该立即切断电源，要求学生独立分析原因，检查电路，直至达到项目拟定的要求。若需要带电检查，教师必须在现场监护下进行。

3.6 质量评价标准

项目质量考核要求及评分标准见表 3-6。

表 3-6　质量评价表

考核项目	考核要求	配分	评分标准	扣分	得分	备注
元件的检查	将电路中所使用的元件进行检测	10	电器元件错检、漏检扣 1 分/个			
元件的安装	(1) 会安装元件； (2) 按图完整、正确及规范接线； (3) 按照要求编号	20	(1) 元件松动扣 2 分/处，有损坏扣 4 分/处； (2) 错、漏线每处扣 2 分/根； (3) 元件安装不整齐、不合理扣 3 分/个			

续表

考核项目	考核要求	配分	评分标准	扣分	得分	备注
线路的连接	(1) 安装控制线路； (2) 安装主电路	20	(1) 未按照线路接线图布线扣 15 分； (2) 接点不符合要求扣 1 分/个； (3) 损坏连接导线的绝缘部分扣 5 分/个； (4) 接线压胶、反圈、芯线裸露过长扣 1 分/处； (5) 漏接接地线扣 5 分/处			
通电试车	调试、运行线路	40	(1) 第一次试车不成功扣 25 分； (2) 第二次试车不成功扣 30 分； (3) 第三次试车不成功扣 35 分			
安全生产	自觉遵守安全文明生产规程	10	(1) 每违反一项规定，扣 3 分； (2) 发生安全事故，0 分处理			
时间	2 小时		(1) 提前正确完成，每 5 分钟加 2 分； (2) 超过定额时间，每 5 分钟扣 2 分			
开始时间		结束时间		实际时间		

3.7　知 识 进 阶

3.7.1　三相异步电动机自动往返循环控制

在生产过程中，一些生产机械的工作台要求在一定行程内自动往返运动，以便实现对工件的连续加工，提高生产效率。由行程开关来控制工作台自动往返控制，如图 3-8 和图 3-9 所示。

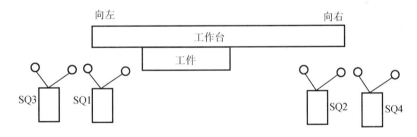

图 3-8　工作台示意图

1. 分析控制原理

按 SB2，KM1 线圈得电，KM1 动合辅助触头闭合，对 KM1 自锁，动合主触头闭合，电机正转。同时 KM1 动断触头断开，对 KM2 联锁，当松开 SB2 时，电动机继续保持正转，挡铁碰 SQ1 时，SQ1 动断触头断开，KM1 线圈失电，KM1 动合主触头断开，电机停转，同时 KM1 动合辅助触头断开，解除对 KM1 自锁，KM1 动断触头恢复闭合，解除对 KM2 联锁，SQ1 动合触头闭合，KM2 线圈得电，KM2 动断触头断开，对 KM1 联锁，KM2 动合触头闭合，对 KM2 自锁，KM2 动合主触头闭合，电动机反转，工作向右运动，SQ1 复原，工作台继续向右运动，挡铁碰 SQ2，SQ2 动断触头断开，KM2 线圈失电，KM2 动合主触头断开，电机停转，KM2 动合触头断开，解除对 KM2 自锁，KM2 动断触头常闭闭合，解除对 KM1 联锁，挡铁碰 SQ2，SQ2 动合触头闭合，KM1 线圈得电，KM1 动合辅助触头闭合，对 KM1 自锁，KM1 动合主触头闭合，电机正转，KM1 动断触头断开，对 KM2 联锁，就这样来回往复运行，只有当按 SB1 停止按钮时，各开关复位，电机停转。

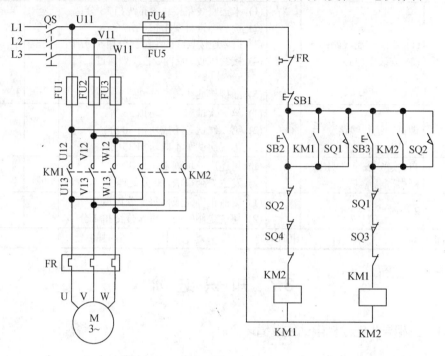

图 3-9　自动往返控制主电路及控制电路图

图 3-9 所示的控制电路中增设了另外两个行程开关 SQ3 和 SQ4，在实际的工作台中，分别将这两个行程开关放置在自动切换电动机往返运行的 SQ1 和 SQ2 的外侧，目的就是将 SQ3 和 SQ4 作为终端保护，以防止 SQ1 和 SQ2 在长期的使用中造成磨损而引起的失灵，从而引起工作台位置无法限制而发生生产事故。

2. 学习所需工具、设备

所需工具、设备清单见表 3-7。

表 3-7　工具、设备清单

序号	分类	名称	型号规格	数量	单位	备注
1	工具	常用电工工具		1	套	
2		万用表	MF-47	1	台	
3		交流接触器	CJ20-10	2	个	
4		热继电器	JR20-10L	1	个	
5		三相电源插头	16A	1	个	
6	元器件	三相异步电动机	Y 系列 80-4	1	台	
7		行程开关	JLXK1-211	4	个	
8		按钮开关	LA4-3H	1	组	

3.7.2　对电路进行安装调试

此处略。

3.7.3　讨论

小组成员之间、小组与小组之间相互讨论在安装电路过程中的一些心得体会，总结出自己感觉比较好的一些安装技巧、经验和方法。

习　题

一、填空题

1．改变三相异步电动机旋转方向的方法是＿＿＿＿＿＿＿。

2．＿＿＿＿＿＿＿＿和＿＿＿＿＿＿＿统称电气的联锁控制。

二、简答题

1．电动机正反转控制为什么要采取电气上的互锁控制？

2．三相异步电动机要想实现正反转，主电路中应如何接线？

项目 4

三相异步电动机降压启动控制线路

4.1 项 目 任 务

本项目内容见表 4-1。

表 4-1 三相异步电动机降压启动控制线路项目内容

项目内容	(1) 掌握三相异步电动机降压启动控制线路的工作原理; (2) 进一步熟悉电气原理图绘制原则与方法; (3) 能够对 Y-△降压启动控制线路正确的安装与调试; (4) 能够对电路中常见故障进行分析、排除
重难点	(1) 电气原理图的设计; (2) 元器件布局与线路布局设计; (3) 电路故障分析与排除
参考的相关标准	《GB/T 13869—2008 用电安全导则》 《GB 19517—2009 国家电气设备安全技术规范》 《GB/T 25295—2010 电气设备安全设计导则》 《GB 50054—2011 低压配电设计规范》 《GB/T 6988.1—2008 电气技术用文件的编制 第 1 部分：规则》
操作原则与安全注意事项	(1) 一般原则：方案的设计必须遵循低压线路安装工艺原则制定；线路图必须合理度高； (2) 安装过程：在安装过程中，必须遵循 5S 标准实施；组装电路必须具备安全性高、可靠性强的特点； (3) 调试过程：必须对线路进行相关检查，然后经指导教师检查同意后，方可通电试车； (4) 故障分析：在对常见故障进行分析和排除时应科学分析、仔细检查；在自我确实无法排除故障时，方可请教指导教师

项目导读

在三相异步电动机直接启动时，启动电流较大(一般为额定电流的 4～7 倍，通常选额定电流的 6 倍计算)，直接启动会影响同一供电线路中其他电气设备的正常工作。为了避免电动机启动时对电网产生较大的压降，启动电流不能太大，同时不减小电动机自身的启动转矩，就产生出各种降压启动控制线路，而在各种降压启动电路中，Y-△降压启动是最常见和最常用的。图 4-1 所示为采用Y-△启动的设备。

图 4-1 Y-△启动的设备

1. 电气原理图绘制任务书

电气原理图绘制任务书见表 4-2。

表 4-2 绘制原理图

×× 学院	低压电气装调任务书	文件编号		
		版　次		共 3 页 第 1 页
工序号：1	工序名称：绘制原理图			

	作　业　内　容
1	按照控制要求绘制原理图(主电路图和控制电路图)
2	按照线路板的大小绘制元件布线图
3	在每个图形符号旁都必须标注文字符号
4	所有按钮、触点均按没有外力作用和没有通电时的原始状态画出
5	该电路采用时间继电器实现降压启动

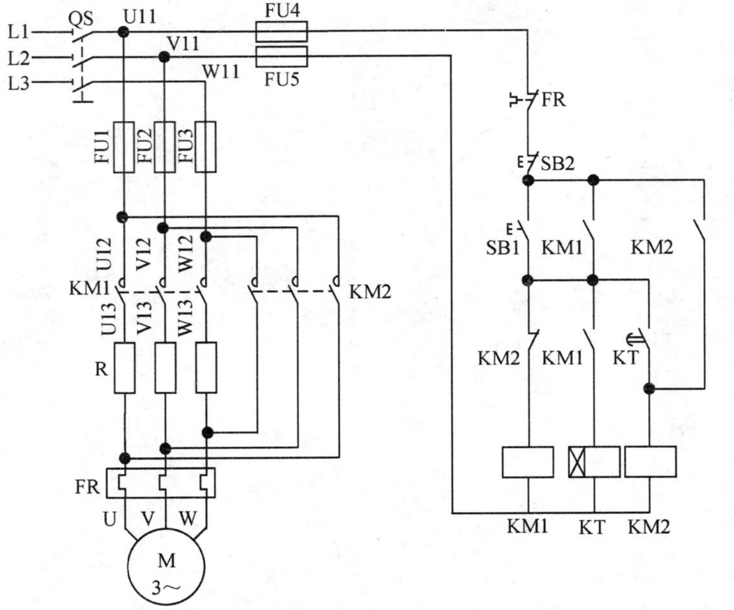

使　用　工　具
万用表、尖嘴钳、剥线钳、一字和十字螺丝刀、试电笔、镊子、电工刀

	※工艺要求(注意事项)
1	各电气元件的图形符号和文字符号必须与电气原理图一致，并符合国家标准
2	原理图中，各电气元件和部件在控制线路中的位置，应根据便于阅读的原则支排。同一电气元件的各个部件可以不画在一起
3	电器元件的布置应考虑整齐、美观、对称。外形尺寸与结构类似的电器安装在一起，以利安装和配线
4	熟悉《GB/T 13869—2008 用电安全导则》
5	熟悉《GB/T 19517—国家电气设备安全技术规范》

		编　制		批　准
		审　核		生产日期
更改标记				
更改人签名				

主电路和控制电路图

2. 列出元件清单并检测相关器件

列出元件清单并检测相关器件，见表 4-3。

表 4-3 列出元件清单并检测相关器件

×× 学院					文件编号		
					版 次		
工序号：2	工序名称：列出元件清单并检测相关器件				共 3 页/第 2 页		

序号	名称	型号与规格	单位	数量		作 业 内 容
1	电工常用工具	万用表、尖嘴钳、剥线钳、电工刀等	套	1	1	根据原理图列出元件清单明细表
2	万用表	FM-47 型	台	1	2	根据控制的需要，选择元件的具体型号
3	兆欧表	ZC25-4 型	台	1	3	用相关仪表对所用器件对其好坏进行检测
4	三相异步电动机	DQ10-100W-220V	台	1	4	电动机使用的电源电压和绕组的接法必须与铭牌上规定的相一致
5	交流接触器	CJT0-10	个	3	5	根据原理图的需要，合理选择控制电路和主电路连接线径的大小
6	热继电器	JR36-20	只	1		**使 用 工 具**
7	按钮	LA4-3H	个	1		万用表、尖嘴钳、剥线钳、一字和十字螺丝刀、试电笔、镊子、电工刀
8	时间继电器	JS7-1A	个	1		**※工艺要求（注意事项）**
9	端子排		节	若干	1	测量 KM 主触头和辅助常开触头时，用 R×1Ω 挡，其阻值接近于零则正常；测量 KM 常闭触头时，用 R×1kΩ 或者 R×100Ω 挡，其阻值为 ∞ 则正常；测量 KM 线圈时，用 R×10Ω 或者 R×100Ω 挡位，所测阻值应该在 500Ω 左右
10	号线	2.5mm²（1.5mm²）	m	若干	2	测量 FR 热元件时，用 R×1Ω 挡对热元件和常闭触头进行测量，其阻值接近于零则正常；常开触头采用 R×1kΩ 或 10kΩ 挡，其阻值为 ∞，则正常
					3	对三相异步电动机好坏进行测量时要对相间绝缘电阻、对地绝缘电阻，三相绕组和定子绕组直流电阻值进行测量
					4	测量时间继电器线圈时，使用 R×100Ω 挡，其阻值约 1.2kΩ 则正常，常开常闭端的测量与接触器的常开常闭测量方法一样

元件清单列表

1. 接触器的检测   2. 热继电器的检测   3. 按钮开关的检测

编 制		审 核		批 准	
				生产日期	
更改标记		更改人签名			

3. 元件的固定及线路的安装台

元件的固定及线路的安装台，见表4-4。

表4-4　元件的固定及线路的安装

××学院	工序号：3	工序名称：元件的固定及线路的安装	文件编号	共3页/第3页
			版　次	

1. 元件摆放　2. 固定接触器　3. 固定热继电器　4. 固定端子排　5. 导线整形　6. 安装

作业内容

1. 按照元件布置图固定相关器件，固定元件时，每个元件要摆放整齐，上下左右要对正，间距要均匀
2. 根据原理图合理地布线，接线时必须先接负载端，后接三相电源，先接地线，后接三相电源相线
3. 连接线路时，羊眼圈要以顺时针方向整形，走线的过程中，尽量避免交叉现象；严格按照安装工艺的要求组装
4. 每根连接线一定要按照线号方向穿好线号管，便于检测、排除故障

使用工具

万用表、尖嘴钳、剥线钳、一字和十字螺丝刀、试电笔、镊子、电工刀

※工艺要求(注意事项)

1. 通电试车前，必须把在组装电路时产生的断线、残线及相关工具清理开，然后由指导老师接通三相电源L1、L2、L3，并且要在现场监护
2. 当按启动按钮开关时，观察接触器动作情况是否正常，是否符合线路功能要求、电器元件的动作是否灵活，有无卡阻及噪声过大等现象，电动机运行情况是否正常等
3. 通电试车完毕，停转、切断电源。先拆除三相电源线，再拆除电动机
4. 检测线路或故障排除时，采用电阻法或电压法

更改标记			编　制		审　准	
更改人签名			审　核		生产日期	

4.2 项 目 准 备

4.2.1 任务流程图

三相异步电动机降压启动控制线路装调流程图如图 4-2 所示。

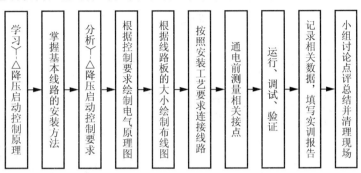

图 4-2 任务流程图

4.2.2 环境设备

学习所需工具、设备见表 4-5。

表 4-5 工具、设备清单

序号	分类	名称	型号规格	数量	单位	备注
1	工具	常用电工工具		1	套	
2		万用表	MF-47	1	台	
3	元器件	交流接触器	CJ20-10	3	个	
4		热继电器	JR20-10L	1	个	
5		三相电源插头	16A	1	个	
6		三相异步电动机	Y 系列 80-4	1	台	
7		时间继电器	JS7-1A	1	个	
8		按钮开关	LA4-3H	1	组	

4.3 背 景 知 识

4.3.1 降压启动的基础知识

通常规定：电源容量在 180kVA 以上、电动机容量在 7kW 以下的三相异步电动机可采用直接启动。对于电动机是否能够直接启动可根据以下公式来确定：

$$\frac{I_{st}}{I_N} \leq \frac{3}{4} + \frac{S}{4P}$$

式中，I_{st} ——电动机全压启动电流，A；

I_N ——电动机额定电流，A；

S——电源变压器容量，kVA；

P——电动机功率，kW；

凡不满足直接启动条件的，均须采用降压启动。

由于电流随电压的降低而减小，所以降压启动达到了减小启动电流的目的。但是由于电动机的转矩与电压的平方成正比，所以降压启动也将导致电动机的启动转矩大为降低。因此降压启动需要在空载或轻载下进行。

常见降压启动方式有定子绕组串接电阻降压启动、自耦变压器降压启动、丫-△降压启动、延边三角形降压启动等。

时间继电器自动控制定子串接电阻降压启动电路图如图 4-3 所示。

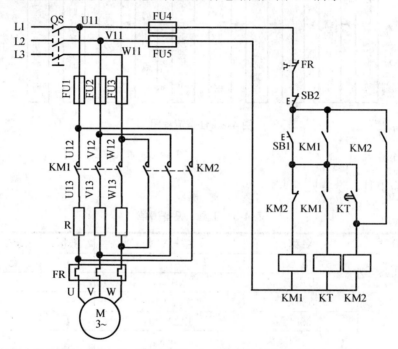

图 4-3　时间继电器自动控制定子串接电阻降压启动电气原理图

定子绕组串接电阻降压启动控制线路是把电阻串接在电动机定子绕组与电源之间，电动机启动时，通过电阻的分压作用来降低定子绕组上的启动电压。待电动机启动结束后，再将电阻短接，使电动机定子绕组的电话恢复到全压运行。在实际生产应用中，通常运用时间继电器来实现短接电阻，达到自动控制的效果。

1. 工作过程分析

按启动按钮 SB1，KM1 线圈得电，KM1 常开触头闭合自锁，同时，KM1 主触头闭合，电动机 M 接电阻 R 降压启动。

在按启动按钮 SB1 的同时，时间继电器 KT 开始记时，时间一到 KT 常开触头闭合，KM2 线圈得电，主触头闭合，电阻 R 被短接，电动机 M 全压运行。

按 SB2 时，电动机 M 则停止运行。

2. 电气线路特点

优点：能够实现降压启动要求。

缺点：若频繁启动，则电阻的温度会很高，对于精密度高的设备会有一定的影响。

4.3.2　自耦变压器降压启动控制线路

自耦变压器降压启动控制利用自耦变压器来降低启动时加在定子绕组上的电压，以达到限制启动电流的目的；待电动机启动以后，再使用电动机与自耦变压器脱离，从而转为电动机在全压下正常运行。实现自耦变压器降压启动线路的主要器件为自耦减压启动器，产品有手动式和自动式两种，分别如图 4-4 和图 4-5 所示。

图 4-4　手动自耦减压器外形图

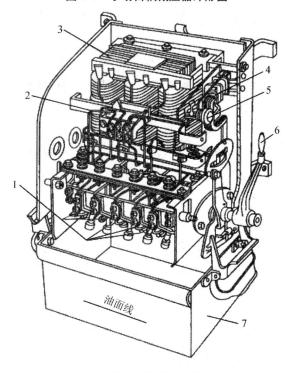

图 4-5　手动自耦减压器结构图

1—启动触头；2—热继电器；3—自耦变压器；
4—欠电压保护装置；5—停止按钮；6—操作手柄；7—油箱

其原理图如图 4-6 所示。

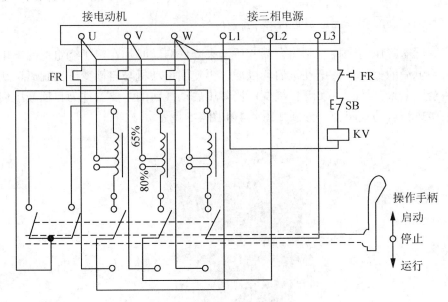

图 4-6　自耦减压器结构原理图

1. 工作过程分析

当操作手柄扳到"停止"位置时，装在主轴上的动触头与上、下两排静触头都不接触，电动机处于停止运行状态。

当操作手柄向前推至"启动"位置时，装在主轴上的动触头与上面一排启动静触头接触，三相电源 L1、L2、L3 通过右边 3 个动、静触头接入自耦变压器，又经过自耦变压器的 3 个 65%(或 80%)抽头接入电动机进行降压启动；左边两个动、静触头接触则把自耦变压器接成了 Y 形。

当电动机的转速上升到一定值时，将操作手柄向后迅速扳至"运行"位置，使右边 3 个动触头与下面一排的 3 个运行静触头接触，这时自耦变压器脱离，电动机与三相电源 L1、L2、L3 直接相接，实现全压运行。

停止时，只要要按停止按钮 SB，失压脱扣器线圈 KV 失电，衔铁下落释放，通过机械操作机构使启动器掉闸，操作手柄便自动回到"停止"位置，电动机断电停转。

由于热继电器 FR 的常闭触头、停止按钮 SB、失压脱扣器线圈 KV 串接在 U、V 两相电源上，所以当出现电源电压不足、突然停电、电动机过载或停车等情况时都能够使启动器掉闸，电动机断电停转。

反转控制：先按停止按钮 SB3，接触器 KM1 线圈失电，KM1 的互锁触头闭合；然后按反转按钮 SB2，接触器 KM2 线圈得电，从而 KM2 主触头闭合，电动机开始反转，同时 KM2 的自锁触头闭合，KM2 的互锁触头断开。

2. 自耦变压器降压启动控制线路的优缺点

优点：启动转矩较大，当其绕组抽头在 80%处时，启动转矩可达直接启动时的 64%，并且可以通过抽头调节起动转矩。能适应不同负载起动的需要。

缺点：冲击电流大、冲击转矩大，启动过程中存在二次冲击电流和冲击转矩。

4.3.3　时间继电器控制丫-△降压启动控制线路

在实际应用中，通常采用时间继电器自动控制完成对丫-△的切换，实现自动降压启动控制，如图 4-7 所示。

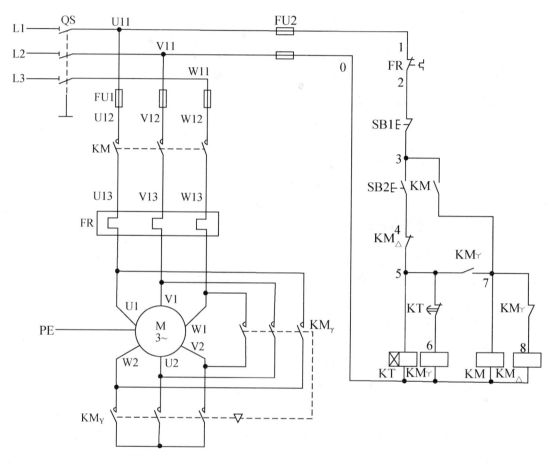

图 4-7　时间继电器控制丫-△降压启动控制线路

其控制过程如下。

按 SB1，KT 线圈得电，KM丫线圈得电，KM丫主触头闭合，KM丫动合辅助触头闭合，KM丫动断辅助触头断开，KM 自锁触头闭合，KM 主触头闭合，电动机降压启动，松开 SB1，电动机继续，降压启动，KT 延时断开的动断触头延时分断，KM丫线圈失电，KM丫主触头断开，KM丫动合辅助触头断开，KM丫动断辅助触头闭合，KM△主触头闭合，KM△动断辅助触头断开，KT 线圈失电，电动机全压运行，按 SB2 则立即停止。

4.4 操作指导

4.4.1 绘制原理图

原理图如图 4-7 所示。

4.4.2 安装电路

1. 检查元器件

根据表 4-1 配齐元器件，检查元件的规格是否符合要求，检测元件的质量是否完好。在本项目中需要检测的元器件有热继电器、交流接触器、电动机。

2. 元器件布局、安装与配线

(1) 元器件的布局：元器件布局时要参照接线图进行，若与书中所提示的元器件不同，应该按照实际情况布局。

(2) 元器件的安装：元器件安装时每个元器件要摆放整齐，上下左右要对正，间距要均匀。拧螺丝钉时一定要加弹簧垫，而且松紧适度。

(3) 配线：要严格按配线图配线，不能丢、漏，要穿好线号并且线号方向一致。

(4) 按照绘制的接线图，固定元件，如图 4-7 所示。

3. 检查电路连接

检测布线，对照接线图检查是否掉线、错线，是否编漏、编错线号，接线是否牢固等。

4.4.3 通电前的检测

1. 电阻测量法

测量时，将万用表选择至合适的挡位(一般 R×100Ω挡)，然后按照控制编出的线号顺序对各个点依次测量。具体测量方法参照 2-15。

2. 电压测量法

测量时，将万用表选择合适的挡位(交流电压 500V)，然后根据电压的走向，依次测量。具体测量方法参照 2-16。

4.4.4 通电调试、监控系统

为保证人身安全，在通电试车时，要认真执行安全操作规程的有关规定，一人监护，一人操作。试车前，应检查与通电试车有关的电气设备是否有不安全的因素存在，若查出应该立即整改，然后方能试车。

(1) 通电试车前，由指导老师接通三相电源 L1、L2、L3，并且要在现场监护。

(2) 当按下启动按钮开关时，观察接触器动作情况是否正常，是否符合线路功能要求，电器元件的动作是否灵活，有无卡阻及噪声过大等现象，电动机运行情况是否正常等。

(3) 通电试车完毕，停转，切断电源。先拆除三相电源线，再拆除电动机。

(4) 如有故障，应该立即切断电源，要求学生独立分析原因，检查电路，直至达到项目拟定的要求。若需要带电检查时，教师必须在现场监护下进行。

4.5 质量评价标准

项目质量考核要求及评分标准见表 4-6。

表 4-6 质量评价表

考核项目	考核要求	配分	评分标准	扣分	得分	备注
元件的检查	将电路中所使用的元件进行检测	10	电器元件错检、漏检扣 1 分/个			
元件的安装	(1) 会安装元件； (2) 按图完整、正确及规范接线； (3) 按照要求编号	20	(1) 元件松动扣 2 分/处，有损坏扣 4 分/处； (2) 错、漏线每处扣 2 分/根； (3) 元件安装不整齐、不合理扣 3 分/个			
线路的连接	(1) 安装控制线路； (2) 安装主电路	20	(1) 未按照线路接线图布线扣 15 分； (2) 接点不符合要求扣 1 分/个； (3) 损坏连接导线的绝缘部扣 5 分/个； (4) 接线压胶、反圈、芯线裸露过长扣 1 分/处； (5) 漏接接地线扣 5 分/处			
通电试车	调试、运行线路	40	(1) 第一次试车不成功扣 25 分； (2) 第二次试车不成功扣 30 分； (3) 第三次试车不成功扣 35 分			
安全生产	自觉遵守安全文明生产规程	10	(1) 每违反一项规定，扣 3 分； (2) 发生安全事故，0 分处理			
时间	2 小时		(1) 提前正确完成，每 5 分钟加 2 分； (2) 超过定额时间，每 5 分钟扣 2 分			
开始时间		结束时间		实际时间		

4.6 知 识 进 阶

4.6.1 延边△降压启动控制线路安装

延边△降压启动是指电动机启动时，把定子绕组的一部分接成△，另一部分接成 Y，使整个绕组接成延边△，等电动机启动后，再把定子绕组改接成△全压运行，如图 4-8 所示。

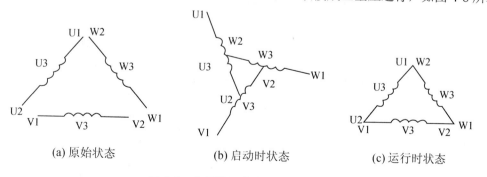

(a) 原始状态　　　　(b) 启动时状态　　　　(c) 运行时状态

图 4-8　定子绕组改接成△全压运行

电路原理图如图 4-9 所示。

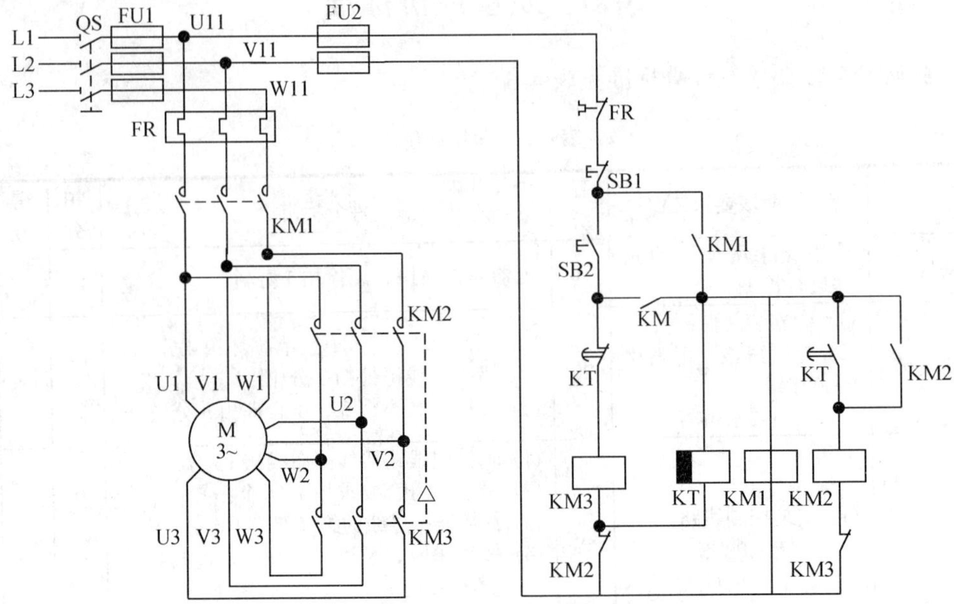

图 4-9　延边启动原理图

控制过程如下。

按 SB2 启动按钮，KM3 线圈得电 KM3 联锁触头分断，对 KM2 联锁 KM3 主触头闭合，联结成延边三角形，KM 动合辅助触头闭合，KM1 线圈得电 KM1 自锁触头闭合，自锁；松开 SB2，KM1 主触头闭合，电动机延边三角形降压启动，KT 线圈得电开始计时，定时时间一到，KT 延时断开的动断触头延时分断，KM3 线圈失电，KT 延时闭合的动合触头延时闭合，KM2 线圈得电。KM3 线圈失电，KM3 动合触头分断，KM3 主触头分断，电动机失电惯性运行，KM2 线圈得电，KM2 自锁触头闭合，自锁；KM2 主触头闭合，电动机全电运行；同时，KM2 联锁触头断开，KT 线圈失电，KT 触头复位。

按 SB1，整个电路停止运行。

学习所需工具、设备见表 4-7。

表 4-7　工具、设备清单

序号	分类	名称	型号规格	数量	单位	备注
1	工具	常用电工工具		1	套	
2		万用表	MF47	1	台	
3	元器件	交流接触器	CJ20-10	3	个	
4		热继电器	JR20-10L	1	个	
5		三相电源插头	16A	1	个	
6		三相异步电动机	Y 系列 80-4	1	台	
7		时间继电器	JS7-1A	1	个	
8		按钮开关	LA4-3H	1	组	

4.6.2　对电路进行安装调试

此处略。

4.6.3　讨论

小组成员之间、小组与小组之间相互讨论在安装电路过程中的一些心得体会，总结出自己感觉比较好的一些安装技巧、经验和方法。

习　　题

一、填空题

1. 笼型异步电机的降压启动方法有＿＿＿＿＿＿＿、＿＿＿＿＿＿＿、＿＿＿＿＿＿＿。
2. 将电动机的 3 个绕组，每一端接三相电压的一相，另一端接在一起称为＿＿＿＿＿＿＿接法。
3. 将电动机的 3 个绕组首尾相连，在 3 个连接端分别接三相电压称为＿＿＿＿＿＿＿接法。
4. 三相异步电动机常用的电气启动方法有＿＿＿＿＿＿＿和＿＿＿＿＿＿＿。
5. 星形-三角形减压电路中，星形接法启动电压为三角形接法电压的＿＿＿＿＿＿＿。
6. 星形-三角形减压电路中，星形接法启动电流为三角形接法电流的＿＿＿＿＿＿＿。
7. 全压启动一定含有＿＿＿＿＿＿＿。

二、简答题

1. 电动机的降压启动控制电路主要有哪几种降压方式？
2. 三相异步电动机直接启动时，启动电流一般为额定电流的几倍？
3. 试说明丫-△降压启动的优缺点。
4. 试设计一控制电路(含主电路)，能够实现对一台电动机进行丫-△降压启动手动和自动切换的控制，并具有必要的保护环节。

项目 5

三相异步电动机顺序
启动控制线路

5.1 项目任务

本项目内容见表 5-1。

表 5-1　三相异步电动机顺序启动控制项目内容

项目内容	(1) 掌握三相异步电动机顺序控制线路的工作原理； (2) 熟悉电气原理图绘制原则与方法； (3) 能够正确安装三相异步电动机顺序启动控制线路； (4) 能够对电路中常见故障进行分析、排除
重难点	(1) 电气原理图的设计； (2) 元器件布局与线路布局设计； (3) 电路故障分析与排除
参考的相关标准	《GB/T 13869—2008 用电安全导则》 《GB 19517—2009 国家电气设备安全技术规范》 《GB/T 25295—2010 电气设备安全设计导则》 《GB 50054—2011 低压配电设计规范》 《GB/T 6988.1—2008 电气技术用文件的编制　第 1 部分：规则》
操作原则与安全注意事项	(1) 一般原则：方案的设计必须遵循低压线路安装工艺原则制定；线路图必须合理度高； (2) 安装过程：在安装过程中，必须遵循 5S 标准实施；组装电路必须具备安全性高、可靠性强的特点； (3) 调试过程：必须对线路进行相关检查，然后经指导教师检查同意后，方可通电试车； (4) 故障分析：在对常见故障进行分析和排除时应科学分析、仔细检查；在自己确实无法排除故障时，方可请教指导教师

在一些生产机械中，通常都是由多台电机配合工作，完成对生产工艺的要求。在一些车床中，控制的过程不一样，要求电动机的启动顺序、控制的方法也不一样，如 X62W 型万能铣床(图 5-1)上，要求主轴电动机启动以后，进给电动机才能启动。又如在大型机床中还需要对同一台电动机在不同的地点实现控制，以满足工作操作方便及实施有效管理要求。

图 5-1　X62W 型万能铣床

1. 电气原理图绘制任务书

电气原理图绘制任务书见表5-2。

表5-2　绘制原理图

××学院	低压电气装调任务书	文件编号	
工序号：1	工序名称：绘制原理图	版　次	
			共 3 页第 1 页

作 业 内 容

1	按照控制要求绘制原理图(主电路图和控制电路图)
2	按照线路板的大小绘制元件布线图
3	在每个图形符号旁都必须标注文字符号
4	所有按钮、触点均按没有外力作用和没有通电时的原始状态画出
5	该电路采用控制电路实现顺序启动

使 用 工 具

同表 5-3 中工具

※工艺要求(注意事项)

1	各电气元件的图形符号和文字符号必须与电气原理图一致，并符合国家标准
2	原理图中，各电气元件和部件在控制线路中的位置应根据便于阅读的原则安排。同一电气元件的各个部件可以不画在一起
3	电器元件的布置应考虑整齐、美观、对称。外形尺寸与结构类似的电器安装在一起，以利安装和配线
4	熟悉《GB/T 13869—2008 用电安全导则》
5	熟悉《GB 19517—2009 国家电气设备安全技术规范》

编 制		审 核		批　准		生产日期	
更改标记							
更改人签名							

主电路和控制电路图

2. 列出元件清单并检测相关器件任务书

列出元件清单并检测相关器件任务书见表 5-3。

表 5-3 列出元件清单并检测相关器件任务书

××学院	低压电气装调任务书	文件编号	
		版 次	
工序号：2	工序名称：列出元件清单并检测相关器件	共 3 页 第 2 页	

元件清单列表

序号	名称	型号与规格	单位	数量
1	电工常用工具	万用表、尖嘴钳、剥线钳、一字、十字螺丝刀、试电笔、镊子、电工刀等	套	1
2	万用表	FM-47 型	台	1
3	兆欧表	ZC25-4 型	台	1
4	三相异步电动机	DQ10-100W-220V	台	1
5	交流接触器	CJT0-10	个	2
6	热继电器	JR36-20	个	2
7	按钮	LA4-3H	只	2
8	端子排		节	若干
9	导线	2.5mm²（1.5mm²）	m	若干

作业内容

序号	作业内容
1	根据原理图列出元件清单明细表
2	根据控制的需要，选择元件的具体型号
3	用相关仪表对所用器件对其好坏进行检测
4	电动机使用的电源电压和绕组的接法必须与铭牌上规定的相一致
5	根据原理图的需要，合理选择控制电路和主电路连接线径的大小

使用工具：万用表、尖嘴钳、剥线钳、一字和十字螺丝刀、试电笔、镊子、电工刀

※工艺要求（注意事项）

1	测量 KM 主触头和辅助常开触头时，用 R×1Ω挡，其阻值接近于零则正常；测量 KM 常闭触头时，用 R×1kΩ或者 10kΩ挡，其阻值为∞，则正常；测量 KM 线圈时，用 R×10Ω或 R×100Ω挡位，所测阻值应该在 500Ω左右
2	测量 FR 热元件时，用 R×1Ω挡位对热元件和常闭触头进行测量，其阻值接近于零为正常。对常开触头采用 R×1kΩ挡或者 10kΩ挡，其阻值为∞，则正常
3	对三相异步电动机好坏进行测量时要对相同绝缘电阻，对地绝缘电阻、三相绕组通路和定子绕组直流电阻值进行测量
4	按钮开关常开端使用 R×10kΩ挡测量，其阻值为∞，常闭端用 R×1kΩ挡，其阻值接近于零则正常

1. 接触器的检测　　2. 热继电器的检测　　3. 按钮开关的检测

编 制		审 核		批 准		生产日期	
更改标记							
更改人签名							

3. 元件的固定及线路的安装任务书

元件的固定及线路的安装任务书见表 5-4。

表 5-4 元件的固定及线路的安装

××学院	低压电气装调任务书	文件编号		共 3 页/第 3 页
		版　次		
工序号：3	工序名称：元件的固定及线路的安装			

	作 业 内 容
1	按照元件布置图固定相关器件，固定元件时，每个元件要摆放整齐，上下左右要对正，间距要均匀
2	根据原理图合理地布线，接线时必须先接负载端，后接电源，先接地线，后接三相电源相线
3	连接线路时，羊眼圈要以顺时针方向整形，走线的过程中，尽量避免交叉现象；严格按照安装工艺的要求组装
4	每根连接线一定要按照穿好线号管方向穿好号线号管，出现故障时便于检测、排除
5	在开关线出线端，弹簧垫圈一定要加上；有多根线接出时，掌握好力度

	使 用 工 具
万用表、尖嘴钳、剥线钳、一字和十字螺丝刀、试电笔、镊子、电工刀

	※工艺要求(注意事项)
1	通电试车前，必须把在组装电路时产生的断线、残线及相关工具清理开，然后由指导老师接通三相电源 L1、L2、L3，并且要在现场监护
2	当按点动按钮开关时，观察接触器动作情况是否正常，是否符合线路功能要求，电器元件的动作是否灵活，有无卡阻及噪声过大等现象，电动机运行情况是否正常等
3	通电试车完毕，停转，切断电源。先拆除三相电源线，再拆除电动机
4	清理现场并记录好相关数据
5	检测线路或故障排除时，采用电阻法或电压法

编　制		审　核		批　准	
更改标记				生产日期	
更改人签名					

1. 元件的摆放　　2. 热继电器的固定　　3. 接触器的固定　　4. 端子排的固定

5.2　项目准备

5.2.1　任务流程图

三相异步电动机顺序动控制线路装调流程图如图 5-2 所示。

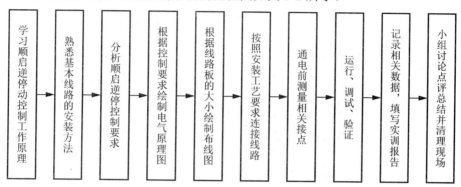

学习顺启逆停动控制工作原理 → 熟悉基本线路的安装方法 → 分析顺启逆停控制要求 → 根据控制要求绘制电气原理图 → 根据线路板的大小绘制布线图 → 按照安装工艺要求连接线路 → 通电前测量相关接点 → 运行、调试、验证 → 记录相关数据，填写实训报告 → 小组讨论点评总结并清理现场

图 5-2　任务流程图

5.2.2　环境设备

学习所需工具、设备见表 5-5。

表 5-5　工具、设备清单

序号	分类	名称	型号规格	数量	单位	备注
1	工具	常用电工工具		1	套	
2		万用表	MF47	1	台	
3	元器件	交流接触器	CJ20-10	2	个	
4		热继电器	JR20-10L	2	个	
5		三相电源插头	16A	1	个	
6		三相异步电动机	Y 系列 80-4	2	台	
7		按钮开关	LA4-3H	2	组	

5.3　背景知识

5.3.1　顺序启动基础知识

顺序启动电路可以在控制电路中实现，也可以在主电路中实现，下面分别对其进行分析。

1.　主电路实现顺序控制

电路图如图 5-3 所示。

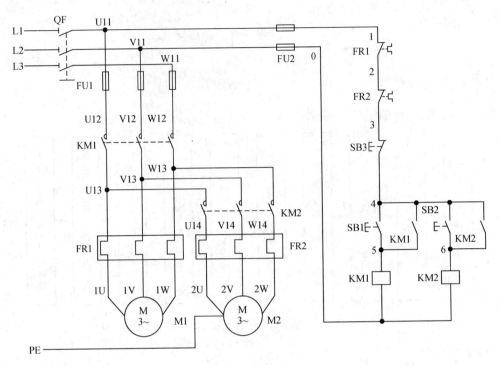

图 5-3　顺序控制原理图

控制过程分析：按启动按钮 SB1 时，KM1 线圈得电，KM1 主触头闭合，电机 M1 启动运转，同时 KM1 自锁触头闭合自锁。接着按 SB2 时，KM2 线圈得电，KM2 主触头闭合，电动机 M2 启动运转，同时 KM2 自锁触头闭合自锁。按停止按钮 SB3 时，两台电动机同时停转。

2. 控制电路实现顺序启动

原理图如图 5-4 所示。

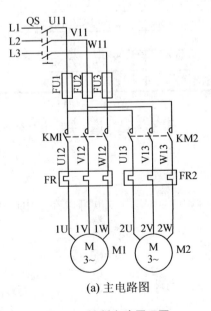

(a) 主电路图

图 5-4　控制电路原理图

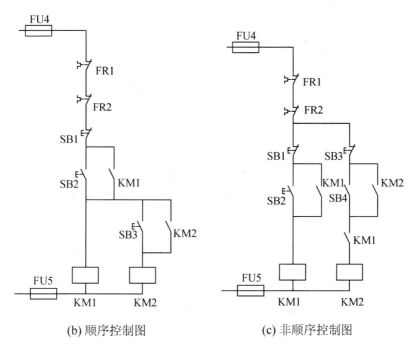

(b) 顺序控制图　　　　　　　(c) 非顺序控制图

图 5-4　控制电路原理图(续)

控制过程分析：图 5-4(b)控制过程与图 5-3 的控制过程完全一样。而图 5-4(c)，其 M2 电动机在 M1 电动机正常运行的情况下，可以通过 SB4 按钮启动，还可以通过 SB3 按钮实现单独停止。

3. 顺序启动逆序停止控制线路的实现

在一些机械生产中，要求电动机严格按照生产过程进行控制，启动的时候按照顺序启动，而停止的时候则按照逆序停止，下面将实现该控制要求。

5.4　操　作　指　导

5.4.1　绘制原理图

顺序启动逆序停止原理图如图 5-5 所示。

控制过程分析：按 SB2，KM1 线圈得电，电动机 M1 开始运行；同时 KM1 自锁触点自锁，KM1 常开触点闭合。按 SB4，KM2 线圈得电，电动机 M2 开始运行；同时 KM2 自锁线圈自锁，那么停止电动机 M1，必须先将 M2 电动机停止，按 SB3，KM2 线圈失电断开，电动机 M2 停止运行，KM2 自锁触头断开，此时按 SB1，KM1 线圈失电断开，电动机 M1 停止运行。

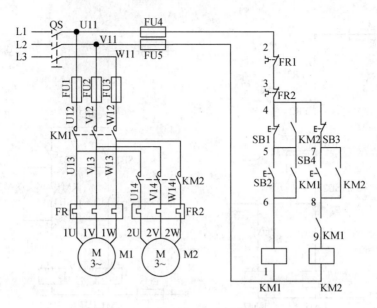

图 5-5　顺序启动逆序停止线路原理图

5.4.2　安装电路

1.　检查元器件

根据表 5-1 配齐元器件，并检查元件的规格是否符合要求，检测元件的质量是否完好。在本项目中需要检测的元器件有热继电器，交流接触器、电动机。

2.　元器件布局、安装与配线

(1) 元器件的布局：元器件布局时要参照接线图进行，若与书中所提示的元器件不同，应该按照实际情况布局。

(2) 元器件安装时每个元器件要摆放整齐，上下左右要对正，间距要均匀。特别是按钮开关内部接线端，拧螺丝钉时一定要加弹簧垫，而且松紧适度。

(3) 配线：要严格按配线图配线，不能丢、漏，要穿好线号并且线号方向一致。

① 按照安装工艺的标准布线。

② 检查电路连接。

检测布线时，对照接线图检查是否掉线、错线，是否编漏、编错线号，接线是否牢固等。

5.4.3　通电前的检测

1.　电阻测量法

测量时，将万用表选择至合适的挡位(一般 R×100Ω挡)，然后按照控制编出的线号顺序对各个点依次测量。具体测量方法参照图 2-15。

2.　电压测量法

测量时，将万用表选择合适的挡位(交流电压 500V)，然后根据电压的走向，依次测量。具体测量方法参照图 2-16。

5.4.4　通电调试、监控系统

为保证人身安全，在通电试车时，要认真执行安全操作规程的有关规定，一人监护，一人操作。试车前，应检查与通电试车有关的电气设备是否有不安全的因素存在，若查出应该立即整改，然后方能试车。

(1) 通电试车前，由指导老师接通三相电源 L1、L2、L3，并且要在现场监护。

(2) 当按启动按钮开关时，观察接触器动作情况是否正常，是否符合线路功能要求，电器元件的动作是否灵活，有无卡阻及噪声过大等现象，电动机运行情况是否正常等。

(3) 通电试车完毕，停转，切断电源。先拆除三相电源线，再拆除电动机。

(4) 如有故障，应该立即切断电源，要求学生独立分析原因，检查电路，直至达到项目拟定的要求。若需要带电检查，教师必须在现场监护下进行。

5.5　质量评价标准

项目质量考核要求及评分标准见表 5-6。

表 5-6　质量评价表

考核项目	考核要求	配分	评分标准	扣分	得分	备注
元件的检查	将电路中所使用的元件进行检测	10	电器元件错检、漏检扣 1 分/个			
元件的安装	(1) 会安装元件； (2) 按图完整、正确及规范接线； (3) 按照要求编号	20	(1) 元件松动扣 2 分/处，有损坏扣 4 分/处； (2) 错、漏线每处扣 2 分/根； (3) 元件安装不整齐、不合理扣 3 分/个			
线路的连接	(1) 安装控制线路； (2) 安装主电路	20	(1) 未按照线路接线图布线扣 15 分； (2) 接点不符合要求扣 1 分/个； (3) 损坏连接导线的绝缘部分扣 5 分/个； (4) 接线压胶、反圈、芯线裸露过长扣 1 分/处； (5) 漏接接地线一处扣 5 分			
通电试车	调试、运行线路	40	(1) 第一次试车不成功扣 25 分； (2) 第二次试车不成功扣 30 分； (3) 第三次试车不成功扣 35 分			
安全生产	自觉遵守安全文明生产规程	10	(1) 每违反一项规定，扣 3 分； (2) 发生安全事故，0 分处理			
时间	2 小时		(1) 提前正确完成，每 5 分钟加 2 分； (2) 超过定额时间，每 5 分钟扣 2 分			
开始时间		结束时间		实际时间		

5.6 知识进阶

5.6.1 多地控制线路

在机械生产中，根据控制、管理的需要，对一台电动机实现多个地方实施控制。该控制线路适用于大型设备，多点启动、多点停止，效率高、安全性好。该控制线路的实现如图 5-6 所示。

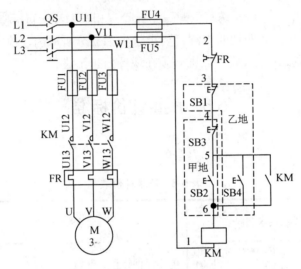

图 5-6 多地控制线路原理图

控制过程分析：当按 SB2 或者按 SB4 时，KM 线圈都能够得电，电动机 M 开始运行，同时 KM 自锁触点自锁，此时，无论是按 SB1 或是 SB3，都可以使得 KM 线圈失电断开，导致电动机 M 停止运行，同时 KM 自锁触点断开。

学习所需工具、设备见表 5-7。

表 5-7 工具、设备清单

序号	分类	名称	型号规格	数量	单位	备注
1	工具	常用电工工具		1	套	
2		万用表	MF47	1	台	
3	元器件	交流接触器	CJ20-10	1	个	
4		热继电器	JR20-10L	1	个	
5		三相电源插头	16A	1	个	
6		三相异步电动机	Y 系列 80-4	1	台	
7		按钮开关	LA4-3H	2	组	

5.6.2 对电路进行安装调试

该控制线路的调试方法可参照项目 2。

5.6.3　讨论

小组成员之间、小组与小组之间相互讨论在安装电路过程中的一些心得体会，总结出自己感觉比较好的一些安装技巧、经验和方法。

习　　题

1．如何实现三台电机的顺序启动逆序停止？

2．试分析两台电机不能顺序启动但是 KM2 可以先启动的原因。

3．试分析顺序控制电路由控制电路实现而不用主电路实现的原因。

4．试说明多地启动的工作原理。

5．多地控制的自锁触点是否根据控制点的增加而增加？

6．设计两台三相异步电动机 M1、M2 的主电路和控制电路，要求 M1、M2 可分别启动和停止，也可实现同时启动和停止，并具有短路、过载保护。

项目 6

三相异步电动机调速控制线路

6.1 项 目 任 务

本项目内容见表 6-1。

表 6-1　三相异步电动机顺序启动控制项目内容

项目内容	(1) 掌握三相异步电动机常见调速方法； (2) 能够对三相异步电动机调速原理进行分析； (3) 掌握三相异步电动机双速控制线路的组装、调试； (4) 完成对三相异步电动机双速控制线路常见故障的检修
重难点	(1) 电气原理图的设计； (2) 元器件布局与线路布局设计； (3) 电路故障分析与排除
参考的相关标准	《GB/T 13869—2008 用电安全导则》 《GB 19517—2009 国家电气设备安全技术规范》 《GB/T 25295—2010 电气设备安全设计导则》 《GB 50054—2011 低压配电设计规范》 《GB/T 6988.1—2008 电气技术用文件的编制　第 1 部分：规则》
操作原则与安全注意事项	(1) 一般原则：方案的设计必须遵循低压线路安装工艺原则制定；线路图必须合理度高； (2) 安装过程：在安装过程中，必须遵循 5S 标准实施；组装电路必须具备安全性高、可靠性强的特点； (3) 调试过程：必须对线路进行相关检查，然后经指导教师检查同意后，方可通电试车； (4) 故障分析：在对常见故障进行分析和排除时应科学分析、仔细检查；在自我确实无法排除故障时，方可请教指导教师

电动机的调速控制在生产机械设备中应用比较广泛。目前，改变三相异步电动机的转速可通过变极、变频、变转差率等方法来实现。变极调速是机床设备电动机的主要调速方法。而双极异步电动机是变极调速的常用形式。在金属切削机床(图 6-1)上用得较多。

图 6-1　金属切削机床

1. 电气原理图绘制任务书

电气原理图绘制任务书见表 6-2。

表 6-2 绘制原理图

××学院	低压电气装调任务书	文件编号	
			共 3 页/第 1 页
工序号：1	工序名称：绘制原理图	版　次	

	作 业 内 容
1	按照控制要求绘制原理图(主电路图和控制电路图)
2	按照线路板的大小绘制元件布线图
3	在每个图形符号旁都必须标注文字符号
4	所有按钮、触点均按没有外力作用和没有通电时的原始状态画出

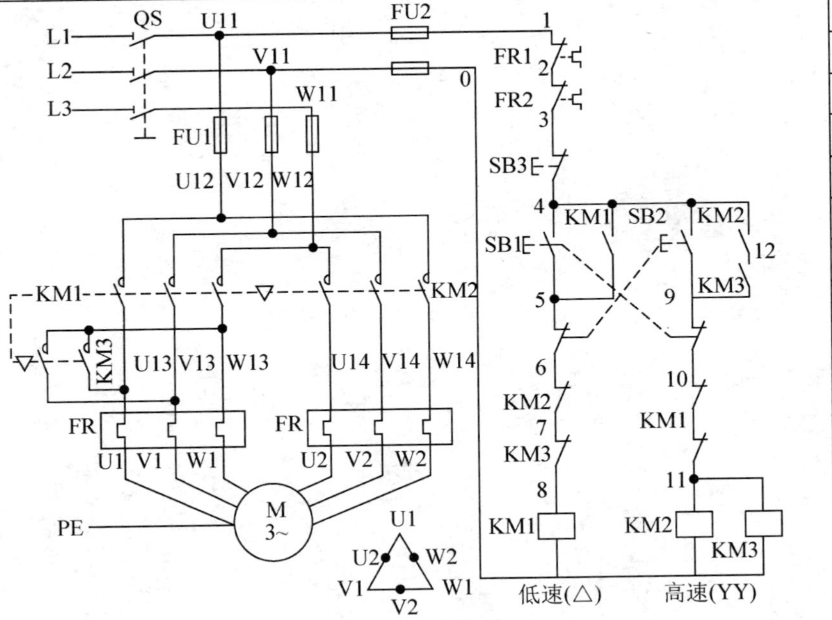

使 用 工 具
万用表、尖嘴钳、剥线钳、一字和十字螺丝刀、试电笔、镊子、电工刀

	※工艺要求(注意事项)
1	各电气元件图形符号和文字符号必须与电气原理图一致，并符合国家标准
2	原理图中，各电气元件和部件在控制线路中的位置应根据便于阅读的原则进行安排。同一电气元件的各部件可以不画在一起
3	电器元件的布置应考虑整齐、美观、对称。外形尺寸与结构类似的电器元件安装在一起，以利安装和配线
4	熟悉《GB/T 13869—2008 用电安全导则》
5	熟悉《GB 19517—2009 国家电气用设备安全技术规范》

批　　准		编　　制		更改标记	
生产日期		审　　核		更改人签名	

主电路和控制电路图

2. 列出元件清单并检测相关器件任务书

列出元件清单并检测相关器件任务书见表 6-3。

表 6-3　列出元件清单并检测相关器件

××学院		低压电气装调任务书			文件编号		
					版　　次		
工序号: 2		工序名称: 列出元件清单并检测相关器件					共 3 页第 2 页
序号	名称	型号与规格	单位	数量			作 业 内 容
1	电工常用工具	万用表、尖嘴钳、剥线钳、一字和十字螺丝刀、试电笔、镊子、电工刀等	套	1	1		根据原理图列出元件清单明细表
2	万用表	FM-47 型	台	1	2		根据控制的需要，选择元件的具体型号
3	兆欧表	ZC25-4 型	台	1	3		用相关表对其好环进行检测
4	三相异步电动机	DQ10-100W-220V	台	1	4		电动机使用的电源电压绕组的接法必须与铭牌上规定的相一致
5	交流接触器	CJT0-10	个	3	5		根据原理图的需要，合理选择控制电路和主电路连接线径的大小
6	热继电器	JR36-20	个	1			使 用 工 具
7	按钮	LA4-3H	只	1			万用表、尖嘴钳、一字和十字螺丝刀、剥线钳、试电笔、电工刀
8	凸轮控制器	KTJ1-50/2	只	1			※工艺要求(注意事项)
9	启动电阻	2K1-12-6/1	个	1	1		测量 KM 主触头和辅助常开触头时，用 R×1Ω挡，其阻值接近于零则正常，测量 KM 常闭触头时，用 R×1kΩ或者 R×10kΩ挡，其阻值为∞则正常。测量 KM 线圈时，用 R×10Ω或者 R×100Ω挡位，所测阻值应该在 500Ω左右
10	端子排		节	若干	2		测量 FR 热元件时，用 R×1Ω挡位对热元件和常闭触头进行测量，其阻值接近于零为正常。对常开触头则采用 R×1kΩ或者 10kΩ挡，其阻值为∞，则正常
11	导线	2.5mm²(1.5mm²)	m	若干	3		对三相异步电动机好绕组和定子绕组直流电阻值进行测量
	元件清单列表					批　　准	
1. 接触器的检测	2. 热继电器的检测	3. 按钮开关的检测				生产日期	
更改标记			编　制				
更改人签名			审　核				

3. 列出元件清单并检测相关器件任务书

列出元件清单并检测相关器件任务书见表 6-4。

表 6-4 元件的固定及线路的安装

×× 学院	低压电气装调任务书	文件编号	
		版　次	
工序号：3	工序名称：元件的固定及线路的安装	共 3 页　第 3 页	

	作　业　内　容
1	按照元件布置图固定相关器件，固定元件时，每个元件要摆放整齐，上下左右要对正，同距要均匀
2	根据原理图合理地布线，接线时必须先接负载端，先接地线，后接三相电源线
3	连接线路时，羊眼圈要以顺时针方向整形，走线的过程中，尽量避免交叉现象，严格按照安装工艺的要求组装
4	每根连接线一定要按照线号方向穿好线号管，便于检测，出现故障时，便于排除
5	在开关接线端，弹簧垫一定要加上；有多根线接出时，掌握好力度，防止用力过大而脱排除

	使　用　工　具
万用表、尖嘴钳、剥线钳、一字和十字螺丝刀、试电笔、镊子、电工刀

	※工艺要求(注意事项)
1	通电试车前，必须把在组装电路时产生的断线、残线及相关工具清理开，然后由指导老师接通三相电源 L1、L2、L3，并且要在现场监护
2	当按动启动按钮开关时，观察接触器动作情况是否正常，是否符合线路功能要求，电器元件的动作是否灵活，机运行情况是否正常等
3	通电试车完毕，停转，切断电源。先拆除三相电源线，再拆除电动机
4	清理现场并记录好相关数据，检测线路或故障排除时采用电阻法或电压法

1. 接触器的固定　　2. 热继电器的固定

3. 组装电路(a)

4. 组装电路(b)

5. 组装电路(c)

更改标记		编　制		批　准	
更改人签名		审　核		生产日期	

6.2 项目准备

6.2.1 任务流程图

三相异步电动机点动与连续运行控制线路的装调流程图如图6-2所示。

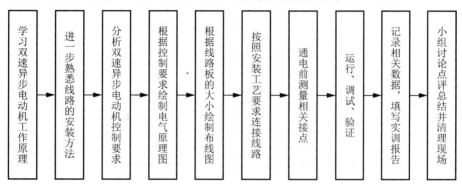

图6-2 任务流程图

6.2.2 环境设备

学习所需工具、设备见表6-5。

表6-5 工具、设备清单

序号	分类	名称	型号规格	数量	单位	备注
1	工具	常用电工工具		1	套	
2		万用表	MF47	1	台	
3		交流接触器	CJ20-10	3	个	
4		热继电器	JR20-10L	2	个	
5	元器件	三相电源插头	16A	1	个	
6		三相异步电动机	Y 系列80-4	1	台	
7		按钮开关	LA4-3H	1	组	

6.3 背景知识

双速异步电动机定子绕组的△/丫丫连接图如图6-3所示。图中3个定子绕组接成△形，由3个连接点接出3个出线端U1、V1、W1，从每相绕组的中点各接出一个出线端U2、V2、W2，组成定子绕组的6个出线端，通过改变6个出线端与电源的连接方式，从而得到两种不同的转速。

电动机低速工作时，三相电源分别接在出线端U1、V1、W1上，另外3个出线端U2、V2、W2空着不接。如图6-3(a)所示，对此电动机定子绕组接成△，磁极为4极，同步转速为1 500r/min。

电动机高速工作时，要把3个出线端U1、V1、W1并接在一起，三相电源分别接到另外 3 个出线端 U2、V2、W2 上，如图 6-3(b)所示，这时电动机定子绕组接成丫丫形，磁极为 2 极，同步转速 3 000r/min。可见双速电动机高速运转时是低速运转时的两倍。

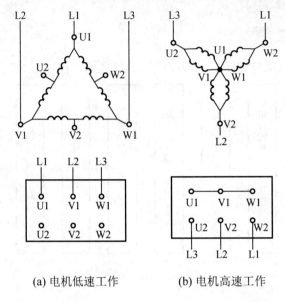

(a) 电机低速工作   (b) 电机高速工作

图 6-3　双速电动机三相定子绕组△/丫丫接线图

双速异步电动机控制线路可用接触器实现，也可用时间继电器来实现，下面分别对其进行分析。

1. 接触器控制双速异步电动机

电路图如图 6-4 所示。

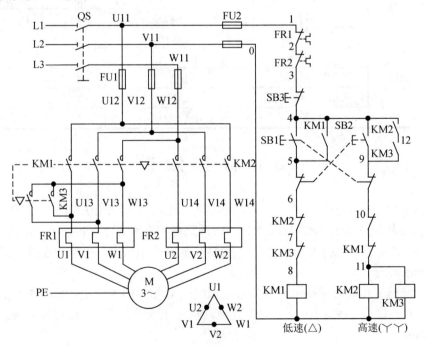

图 6-4　接触器控制双速电动机

控制过程分析：按 SB1，SB1 常闭触头分断、KM1 线圈得电、电动机接成△形低速运行，KM1 辅助常开触头闭合、KM1 辅助常闭触头断开、对 KM2、KM3 进行联锁。按 SB2 时，SB2 常闭触头分断、KM2 线圈得电、KM2 主触头闭合、KM2 辅助常开触头闭合、KM2 辅助常闭触头断开联锁；同时，KM3 线圈得电、KM3 主触头闭合，电动机接成 YY 形高速运行，KM3 常开触头闭合自锁、KM3 辅助常闭触头断开联锁。

2. 时间继电器控制双速电动机

电路如图 6-5 所示。

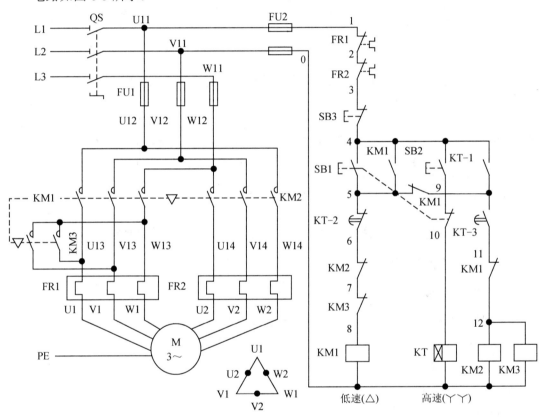

图 6-5　时间继电器控制双速电动机

控制过程分析：按 SB1，SB1 常闭触头分断、KM1 线圈得电，KM1 自锁触头闭合自锁、KM1 主触头闭合、KM1 两对辅助常闭触头分断对 KM2、KM3 的联锁，电动机 M 接成△低速启动运行。按 SB2 时，KT 线圈得电，KT-1 常开触头瞬时闭合自锁并开始计时，计时时间到后，KT-2 先分断、KT-3 后闭合，KM1 线圈失电，KM1 常开触头均分断、KM1 常闭触头恢复闭合，KM2、KM3 线圈得电，KM2、KM3 主触头闭合、KM2、KM3 联锁触头分断对 KM1 联锁，电动机 M 接成 YY 高速运转。按 SB3 时，整个电路停止。

6.4　操 作 指 导

6.4.1　电路图的绘制

电路图如图 6-4 所示。

6.4.2　安装电路

1．检查元器件

根据表 6-1 配齐元器件，并检查元件的规格是否符合要求，检测元件的质量是否完好。在本项目中需要检测的元器件有热继电器、交流接触器、电动机。

2．元器件布局、安装与配线

(1) 元器件的布局：元器件布局时要参照接线图进行，若与书中所提示的元器件不同，应该按照实际情况布局。

(2) 元器件的安装：元器件安装时每个元器件要摆放整齐，上下左右要对正，间距要均匀。特别是按钮开关内部接线端，拧螺丝钉时一定要加弹簧垫，而且松紧适度。

(3) 配线：要严格按配线图配线，不能丢、漏，要穿好线号并且线号方向一致。

(4) 按照安装工艺的标准布线。

3．检查电路连接

检测布线时，对照接线图检查是否掉线、错线，是否编漏、编错线号，接线是否牢固等。

6.4.3　通电前的检测

1．电阻测量法

测量时，将万用表选择至合适的挡位(一般 R×100Ω挡)，然后按照控制编出的线号顺序对各个点依次测量。具体测量方法如图 2-15 所示。

2．电压测量法

测量时，将万用表选择合适的档位(交流电压 500V)，然后根据电压的走向，依次测量。具体测量方法如图 2-16 所示。

6.4.4　通电调试、监控系统

为保证人身安全，在通电试车时，要认真执行安全操作规程的有关规定，一人监护，一人操作。试车前，应检查与通电试车有关的电气设备是否有不安全的因素存在，若查出应该立即整改，然后方能试车。

(1) 通电试车前，由指导老师接通三相电源 L1、L2、L3，并且要在现场监护。

(2) 当按启动按钮开关时，观察接触器动作情况是否正常，是否符合线路功能要求，电器元件的动作是否灵活，有无卡阻及噪声过大等现象，电动机运行情况是否正常等。

(3) 通电试车完毕，停转，切断电源。先拆除三相电源线，再拆除电动机。

(4) 如有故障，应该立即切断电源，要求学生独立分析原因，检查电路，直至达到项目拟定的要求。若需要带电检查，教师必须在现场监护下进行。

6.5　质量评价标准

项目质量考核要求及评分标准见表6-6。

表6-6　质量评价表

考核项目	考核要求	配分	评分标准	扣分	得分	备注
元件的检查	将电路中所使用的元件进行检测	10	电器元件错检、漏检扣 1 分/个			
元件的安装	(1) 会安装元件； (2) 按图完整、正确及规范接线； (3) 按照要求编号	20	(1) 元件松动扣2分/处，有损坏扣4分/处； (2) 错、漏线每处扣 2 分/根； (3) 元件安装不整齐、不合理扣3分/个			
线路的连接	(1) 安装控制线路； (2) 安装主电路	20	(1) 未按照线路接线图布线扣15分； (2) 接点不符合要求扣 1 分/个； (3) 损坏连接导线的绝缘部分扣5分/个； (4) 接线压胶、反圈、芯线裸露过长扣 1 分/处； (5) 漏接接地线扣 5 分/处			
通电试车	调试、运行线路	40	(1) 第一次试车不成功扣25分； (2) 第二次试车不成功扣30分； (3) 第三次试车不成功扣35分			
安全生产	自觉遵守安全文明生产规程	10	(1) 每违反一项规定，扣3分； (2) 发生安全事故，0 分处理			
时间	2 小时		(1) 提前正确完成，每 5 分钟加2分； (2) 超过定额时间，每 5 分钟扣2分			
开始时间		结束时间		实际时间		

6.6　知 识 进 阶

6.6.1　电动机的制动控制线路

电动机在断开电源以后，由于惯性不会立即停止转动，而是需要转动一段时间才会完全停下来。但是在起重机的吊钩上或者万能铣床上的控制过程是要求立即停转的，这就对电动机的停止运行提出新的问题，就是对电动机进行制动。电动机制动分机械制动和动力制动两类。

1. 机械制动

机械制动是利用机械装置使电动机断开电源后迅速停转，通常采用的机械制动设备是电磁抱闸制动器。

1) 电磁抱闸制动器外形结构与符号(图 6-6)

电磁抱闸制动器主要由以下几部分组成：制动电磁铁、闸瓦制动器；制动电磁铁由铁心、衔铁和线圈组成。闸瓦制动器由闸轮、闸瓦、杠杆和弹簧等部分组成。

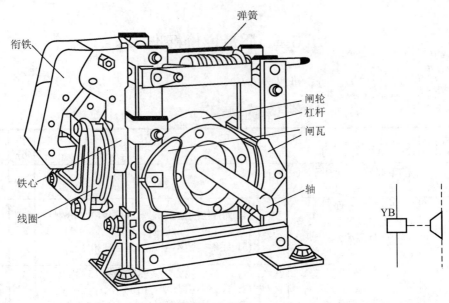

图 6-6　电磁抱闸制动器外形结构与符号

2) 电磁抱闸制动器断电制动控制线路

电磁抱闸制动器断电制动控制线路如图 6-7 所示。

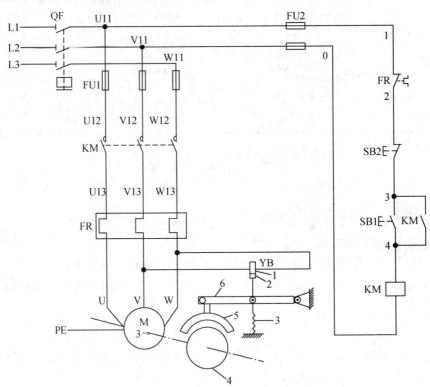

图 6-7　电磁抱闸制动器断电制动控制电路图

1—线圈　2—衔铁　3—弹簧　4—闸轮　5—闸瓦　6—杠杆

控制过程分析：按启动按钮 SB1，接触器 KM 线圈得电，其自锁触头和主触头闭合，电动机 M 接通电源，同时电磁抱闸制动器 YB 线圈得电，衔铁和铁心吸合，衔铁克服弹簧拉力，迫使制动杠杆向上移动，从而使制动器的闸瓦和闸轮分开，电动机正常运转。按停止按钮 SB2 时，接触器 KM 线圈失电，其自锁触头和主触头分断，电动机 M 失电，同时电磁抱闸制动器 YB 线圈失电，衔铁与铁心分开，在弹簧拉力的作用下，制动器的闸瓦抱住闸轮，使电动机被迅速制动而停转。

2. 电力制动

电力制动是在切断电动机电源后，电动机在停转的过程中，产生一个和电动机实际旋转方向相反的电磁力矩(制动力矩)，迫使电动机迅速制动停转。常见的电气制动有反接制动、能耗制动、再生制动和电容制动等。

3. 学习所需工具、设备(表 6-7)

表 6-7　工具、设备清单

序号	分类	名称	型号规格	数量	单位	备注
1	工具	常用电工工具		1	套	
2		万用表	MF47	1	台	
3	元器件	交流接触器	CJ20-10	1	个	
4		热继电器	JR20-10L	1	个	
5		三相电源插头	16A	1	个	
6		三相异步电动机	Y 系列 80-4	1	台	
7		按钮开关	LA4-3H	1	组	
8		电磁抱闸制动器	TJ2-100，MDZ1-100	1	个	

6.6.2　对电路进行安装调试

此处略。

6.6.3　讨论

小组成员之间、小组与小组之间相互讨论在安装电路过程中的一些心得体会，总结出自己感觉比较好的一些安装技巧、经验和方法。

习　　题

一、填空题

1. 直流电动机的调速方法有＿＿＿＿＿＿、＿＿＿＿＿＿、＿＿＿＿＿＿。

2. 反接制动时，当电动机接近于＿＿＿＿＿＿时，应及时＿＿＿＿＿＿，防止＿＿＿＿＿＿。

3. 双速电动机的定子绕组在低速时是＿＿＿＿＿＿连接，高速时是＿＿＿＿＿＿连接。

4．反接制动的优点是＿＿＿＿＿＿＿＿＿＿。

5．能耗制动的优点是＿＿＿＿＿＿＿＿＿。

6．三相异步电动机的能耗制动可以按＿＿＿＿＿＿＿＿原则和＿＿＿＿＿＿＿＿原则来控制。

7．变极对数调速一般仅用于＿＿＿＿＿＿＿＿＿＿＿＿＿＿。

8．三相异步电机采用能耗制动时，当切断电源时，将＿＿＿＿＿＿＿。

9．双速电动机高速运行时，定子绕组采用＿＿＿＿＿＿＿连接。

二、简答题

1．三相异步电动机的调速方法有哪些？各自有什么特点？

2．双速电动机的工作原理是什么？

3．试分析电动机从低速切换到高速时电动机转向相反应如何解决。

4．根据制动控制的原则，电动机一般分为哪几种形式？

项目 **7**

CA6140 型车床故障的
分析与排除

7.1 项 目 任 务

本项目内容见表 7-1。

表 7-1　CA6140 型车床故障的分析与排除项目内容

项目内容	(1) CA6140 型车床的主要结构与运动形式； (2) CA6140 型车床的电气控制线路； (3) CA6140 型车床电气线路故障进行分析、排除
重难点	(1) CA6140 型车床电气控制原理； (2) 车床动力、照明线路及接地系统电气故障的排除
参考的相关标准	《GB/T 13869—2008 用电安全导则》 《GB 19517—2009 国家电气设备安全技术规范》 《GB/T 25295—2010 电气设备安全设计导则》 《GB 50054—2011 低压配电设计规范》
操作原则与安全注意事项	(1) 一般原则：培训的学员必须在指导老师的指导下才能操作该设备。务必按照技术文件和各独立元件的使用要求使用该系统，以保证人员和设备安全； (2) 检修前要认真阅读电路图，熟练掌握各个控制环节的原理及作用，并认真听取和仔细观察教师的示范检修； (3) 停电要验电，带电检修时，必须有指导教师在现场监护，以确保用电安全，同时要做好检修记录

　　CA6140 车床是一种机械结构比较复杂而电气系统简单的机电设备,是用来进行车削加工的机床。在加工时，通过主轴和刀架运动的相互配合来完成对工件的车削加工。该车床外形结构如图 7-1 所示。

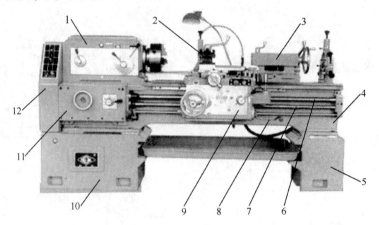

图 7-1　CA6140 型卧式车床

1—主轴箱；2—刀架；3—尾座；4—床身；5、10—床脚；6—丝杠；
7—光杠；8—操纵杆；9—溜板箱；11—进给箱；12—交换齿轮箱

1. CA6140 型车床的功能及基本的操作方法任务书

CA6140 型车床的功能及基本的操作方法任务书见表 7-2。

表 7-2　CA6140 型车床的功能及基本的操作方法

××学院	文件编号		共 3 页/第 1 页
	版　次		
工序号：1	工序名称：CA6140 型车床的功能及基本的操作方法		低压电气装调任务书

	作　业　内　容
1	了解 CA6140 型车床的主要结构
2	了解 CA6140 型车床的电力拖动特点及控制要求
3	了解 CA6140 型车床的基本操作方法及操作手柄的作用

使　用　工　具
常用电工工具、万用表、兆欧表、钳形电流表

	※工艺要求（注意事项）
1	操作前要穿紧身防护服，扣紧衣扣、袖口扣紧，上衣下摆不能敞开，严禁戴手套，不得在开动的机床旁穿、脱换衣服，或围布于身上，防止机器绞伤
2	必须戴好安全帽，辫子应放入帽内，不得穿裙子、拖鞋
3	发现机床有故障，应立即停车检查并请机修工修理。工作完毕应做好清理工作，并关闭电源
4	操作时要注意安全，必须在老师的监护下进行操作

CA6140 型普通车床的基本操作

更改标记	编　制	批　准
更改人签名	审　核	生产日期

2. CA6140 型车床电气控制线路的分析任务书

CA6140 型车床电气控制线路的分析任务书见表 7-3。

表 7-3　CA6140 型车床电气控制线路的分析

××学院	低压电气装调任务书	文件编号	
		版　次	共 3 页第 2 页
工序号：1	工序名称：CA6140 型车床电气控制的分析		

	作　业　内　容	
1	CA6140 型车床主电路分析	
2	CA6140 型车床控制电路分析	
3	CA6140 型车床照明及信号灯电路分析	

	使　用　工　具
	常用电工工具、万用表、兆欧表、钳形电流表

	※工艺要求(注意事项)
1	必须在辅导老师指导监督下，严格按安全操作规程实作，未经批准，禁止自行操作
2	在机床电气柜上分析机床电路时注意要在断电的情况下操作

	批　准	
	生产日期	

CA6140 型车床的电气原理图

（CA6140 型车床的电气原理图，包含电源保护、主轴电动机、短路保护、冷却泵电动机、刀架快速移动电动机、控制电源变压器及保护、断电保护、电主轴电动机控制、冷却泵控制、照明灯、信号灯等部分）

更改标记		编　制		审　核	
更改人签名					

3. CA6140 型车床常见电气故障的分析与维修任务书

CA6140 型车床常见电气故障的分析与维修任务书见表 7-4。

表 7-4 CA6140 型车床常见电气故障的分析与维修

××学院	低压电气装调任务书	文件编号	
		版　次	共 3 页 第 3 页
工序名称：CA6140 型车床常见电气故障的分析		工序号：1	

作业内容	
1	CA6140 型车床常见故障的分析
2	CA6140 型车床故障的排除方法
3	教师设置人为的故障点，由学生自行分析故障并排除

使用工具	
常用电工工具、万用表、兆欧表、钳形电流表	

※工艺要求（注意事项）	
1	检修前应将机床清理干净并将机床电源断开
2	试车前应先检测电路是否存在短路现象，在正常的情况下进行试车，应注意人身及设备安全
3	用万用表电阻挡测量时，号线通断时，量程置于"×1Ω"挡
4	用兆欧表检测电路的绝缘电阻，应断开被测支路与其他支路联系，避免影响测量结果
5	操作时要注意安全，必须在老师的监护下进行操作

1. 现场式教学法

2. 案例式教学法

3. 体验式教学法

4. 讨论式教学法

编制		审核	
更改标记		批准	
更改人签名		生产日期	

7.2 项 目 准 备

7.2.1 CA6140 型车床故障分析与排除训练材料清单

学习所需工具、设备见表 7-5。

表 7-5 工具、设备清单

序号	分类	名称	型号规格	数量	单位	备注
1	工具	常用电工工具		1	套	
2		万用表	MF47	1	只	
3		螺丝刀		1	把	
4	设备	500V 兆欧表		1	只	
5		钳形电流表		1	只	
6		CA6140 车床	CA6140	1	台	

7.2.2 CA6140 型车床故障分析与排除训练流程图

CA6140 型车床故障分析与排除训练流程详如图 7-2 所示。

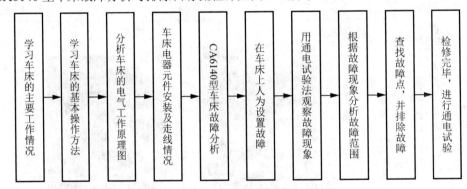

图 7-2 任务流程图

7.3 项 目 实 施

7.3.1 CA6140 型车床的主要结构及运动形式

1. CA6140 型车床的主要结构

CA6140 型车床主要由主轴箱、进给箱、溜板箱、刀架、丝杠、光杠、床身、尾架等部分组成，如图 7-1 所示。

(1) 主轴箱：主轴箱用来带动车床主轴及卡盘转动，并能使主轴得到不同的转速。

(2) 进给箱：将主轴的旋转运动传给丝杠或光杠，并使丝杠或光杠得到不同的转速。

(3) 丝杠：用来车螺纹，它能通过溜板箱使车刀做直线运动。

(4) 溜板箱：将丝杠或光杠的转动传给溜板使车刀做纵向或横向运动。

(5) 刀架：用来装夹车刀。

(6) 尾架：装夹细长工件和安装钻头、铰刀等。

(7) 床身：支持和安装车床各部件用。床身导轨供纵溜板和尾架移动用。

2. CA6140 型车床的运动形式

(1) 车床的主运动为工件的旋转运动，是由主轴通过卡盘或顶尖带动工件旋转的。

(2) 车床的进给运动是溜板带动刀架的纵向或横向直线运动。溜板箱把丝杠或光杠的转动传递给刀架部分，变换溜板箱外的手柄位置，经刀架部分使车刀做纵向或横向进给。

(3) 车床的辅助运动有刀架的快速移动、尾架的移动以及工件的夹紧与放松。

3. CA6140 型车床的电力拖动特点及控制要求

(1) 主轴电动机为三相笼型异步电动机，采用直接启动方式。为满足调速要求，采用机械变速，通过齿轮箱进行机械有级调速，并由机械换向实现正、反转。

(2) 冷却泵电动机用于车削加工时，由于刀具与工件温度高，所以需要冷却。应在主轴电动机启动后方可启动；主轴电动机停止时立即停止。

(3) 刀架快移电动机用于实现溜板箱的快速移动，采用点动控制。

(4) 电路应具有必要的保护环节和安全可靠的照明和信号指示。控制系统的电源总开关采用带漏电保护自动开关，在控制系统发生漏电或过载时，能自动脱扣以切断电源，对操作人员、电气设备进行保护。

7.3.2 CA6140 型车床电气控制线路分析

CA6140 型车床的电气控制线路如图 7-3 所示。

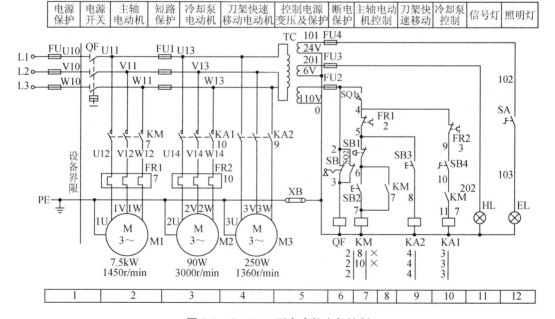

图 7-3 CA6140 型车床的电气控制

1. 主电路分析

主电路共有 3 台电动机：M1 为主轴电动机，带动主轴旋转和刀架做进给运动；M2 为冷却泵电动机,用以输送切削液;M3 为刀架快速移动电动机。

将钥匙开关 SB 向右旋转,再扳动断路器开关 QF 引入三相交流电源。熔断器 FU 具有线路总短路保护功能:FU1 用于冷却泵电动机 M2,快速移动电动机 M3,控制变压器 TC 的短路保护。

主轴电动机 M1 由接触器 KM 控制。接触器 KM 具有失压和欠电压保护功能。

热继电器 FR1 用于主轴电动机 M1 的过载保护。

冷却泵电动机 M2 由中间 KA1 继电器控制,热继电器 FR2 为电动机 M2 实现过载保护。

刀架快速移动电动机 M3 由中间继电器 KA2 控制,因电动机 M3 是短期工作的,故未设过载保护装置。

2. 控制电路分析

控制变压器 TC 二次侧输出 110V 电压作为控制电路的电源。电源开关 QF 线圈受钥匙开关 SB 和位置开关 SQ2 控制。在正常工作时,位置开关 SQ1 的常闭触点处于闭合状态。但当床头皮带罩被打开后,SQ1 常闭触点断开,将控制电路切断,保证人身安全。

1) 主轴电动机 M1 的控制

按启动按钮 SB2,接触器 KM 线圈获电吸合,KM 主触点闭合,主轴电动机 M1 启动;按蘑菇形停止按钮 SB1,接触器 KM 线圈失电,电动机 M1 停转。主轴的正反转是采用多片摩擦离合器实现的。

2) 冷却泵电动机 M2 的控制

只有当接触器 KM 线圈获电吸合,主轴电动机 M1 启动后,合上旋钮开关 SB4,使中间继电器 KA1 线圈获电吸合,冷却泵电动机 M2 才能启动。当 M1 停止运行时,M2 自行停止运行。

3) 刀架快速移动电动机 M3 的控制

刀架快速移动电动机 M3 的启动是由安装在进给操纵手柄顶端的按钮 SB3 来控制的,它与中间继电器 KA2 组成点动控制环节。将操纵手柄扳到所需的方向,按下按钮 SB3,中间继电器 KA2 线圈获电吸合,电动机 M3 获电启动,刀架就向指定方向快速移动。

3. 照明及信号灯电路

控制变压器 TC 的二次侧分别输出 24V 和 6V 电压,作为机床照明灯和信号灯的电源。EL 为机床的低压照明灯,由开关 SA 控制,HL 为电源的信号灯。

7.3.3 CA6140 型车床常见电气故障的分析与维修

1. 漏电自动开关合不上

(1) 未用钥匙将带锁开关 SB 断开。

(2) 气箱门未关好,开关 SQ2 未压上。

2. 主轴电动机 M1 不能启动

(1) 热继电器已动作过。其常闭触点未复位,这时应检查热继电器 FR1 动作原因,可能原因有长期过载、热继电器规格选配不当或整定电流值太小。消除故障产生的因素后,再按热继电器复位按钮使热继电器触点复位。

(2) 按启动按钮 SB2 后，接触器 KM1 线圈没吸合。主轴电动机 M1 不能启动故障的原因应在控制电路中，可依次检查熔断器 FU2、热继电器 FR1 的常闭触点、停止按钮 SB1、启动按 SB2 和接触器 KM 线圈是否损坏或引出线断线。

(3) 按启动按钮 SB2 后，接触器 KM 线圈吸合，但主轴电动机 M1 不能启动。故障的原因应在主电路中，可依次检查接触器 KM 的主触点、热继电器 FR1 的热元件及三相电动机的接线端和电动机 M1。

(4) 按主轴电动机启动按钮 SB1，电动机发出嗡嗡声，不能启动。这是由于电动机缺一相造成的，可能原因是动力配箱熔断器一相熔断、接触器 KM 有一对常开触点接触不良、电动机三根引出线有一根断线或电动机绕组有一相绕组损坏。发现这一故障时应立即断开电源，否则会烧坏电动机，待排除故障后再重新启动，直到正常工作为止。

3. 主轴电动机 M1 不能停车

这类故障的原因多是接触器 KM 铁心面上的油污使上下铁心不能释放、KM 的主触点发生熔焊或停止按钮 SB1 的常闭触点短路。

4. 刀架快速移动电动机 M3 不能启动

按点动按钮 SB3，中间继电器 KA2 没吸合，则故障应在控制电路中。此时可用万用表进行分阶电压测量法依次检查热继电器 FR1 的常闭触点、启动按钮 SB3 及中间继电器 KA2 的线圈是否断路。

5. 冷却泵电动机不能启动

冷却泵电动机出现这类故障应先检查主轴电动机是否启动。先启动主轴电动机，然后依次检查旋转开关 SA2 触点闭合是否良好、熔断器 FU1 熔体是否熔断、热继电器 FR2 是否动作未复位、中间继电器 KA1 是否损坏，最后检查冷却泵电动机是否已损坏。

7.3.4 机床电气控制电路故障的一般检修方法

1. 修理前的调查研究

1) 问

询问机床操作人员，故障发生前后的情况如何，有利于根据电气设备的工作原理来判断发生故障的部位，分析出故障的原因。

2) 看

观察熔断器内的熔体是否熔断；其他电气元件是否烧毁、发热、断线，导线连接螺钉是否松动；触点是否氧化、积尘等。要特别注意高电压、大电流的地方，活动机会多的部位，容易受潮的接插件等。

3) 听

电动机、变压器、接触器等正常运行的声音和发生故障时的声音是有区别的，听声音是否正常，可以帮助寻找故障的范围、部位。

4) 摸

电动机、电磁线圈、变压器等发生故障时温度会显著上升，可切断电源后用手去触摸判断元件是否正常。

特别提示

不论电路通电还是断电，要特别注意不能用手直接去触摸金属触点！必须借助仪表来测量。

2．从机床电气原理图进行分析

首先熟悉机床的电气控制电路，结合故障现象，对电路工作原理进行分析，便可以迅速判断出故障发生的可能范围。

3．检查方法

根据故障现象分析，先弄清是主电路的故障还是控制电路的故障，是电动机的故障还是控制设备的故障。当故障确认以后，应该进一步检查电动机或控制设备。必要时可采用替代法，即用好的电动机或用电设备来替代。如果是控制电路故障，应该先进行一般的外观检查，检查控制电路的相关电气元件。如接触器、继电器、熔断器等有无硬裂、烧痕、接线脱落、熔体是否熔断等，同时用万用表检查线圈有无断线、烧毁，触点是否熔焊。

外观检查找不到故障时，将电动机从电路中卸下，对控制电路逐步检查。可以进行通电吸合试验，观察机床电气各电器元件是否按要求顺序动作，发现哪部分动作有问题，就在那部分找故障点，逐步缩小故障范围，直到排除全部故障为止，决不能留下隐患。

有些电器元件的动作是由机械配合或靠液压推动的，应会同机修人员进行检查处理。

4．无电路原理图时的检查方法

首先，查清不动作的电动机工作电路。在不通电的情况下，以该电动机的接线盒为起点开始查找，顺着电源线找到相应的控制接触器。然后，以此接触器为核心，一路从主触点开始，继续查到三相电源，查清主电路；一路从接触器线圈的两个接线端子开始向外延伸，经过什么电器，弄清控制电路的来龙去脉。必要的时候，边查找边画出草图。若需拆卸，要记录拆卸的顺序、电器结构等，再采取排除故障的措施。

5．在检修机床电气故障时应注意的问题

在检修机床电气故障时，应注意以下问题。

(1) 检修前应将机床清理干净。

(2) 将机床电源断开。

(3) 电动机不能转动，要从电动机有无通电、控制电动机的接触器是否吸合入手，决不能立即拆修电动机。通电检查时，一定要先排除短路故障，在确认无短路故障后方可通电，否则会造成更大的事故。

(4) 当需要更换熔断器的熔体时，必须选择与原熔体型号相同的熔体，不得随意扩大，以免造成意外的事故或留下更大的后患。因为熔体的熔断说明电路存在较大的冲击电流，如短路、严重过载、电压波动很大等。

(5) 热继电器的动作、烧毁也要求先查明过载原因，否则，故障还是会复发。并且修复后一定要按技术要求重新整定保护值，并要进行可靠性试验，以避免发生失控。

(6) 用万用表电阻档测量触点、导线通断时，量程置于"×1Ω"挡。

(7) 如果要用兆欧表检测电路的绝缘电阻，应断开被测支路与其他支路联系，避免影响测量结果。

(8) 在拆卸元件及端子连线时，特别是对不熟悉的机床，一定要仔细观察，理清控制电路，千万不能蛮干。要及时做好记录、标号，避免在安装时发生错误，方便复原。螺丝钉、垫片等放在盒子里，被拆下的线头要作好绝缘包扎，以免造成人为的事故。

(9) 试车前先检测电路是否存在短路现象。在正常的情况下进行试车，应当注意人身及设备安全。

(10) 机床故障排除后，一切要恢复到原来样子。

7.3.5　操作指导

1. 操作步骤及要求

(1) 在教师的指导下，对 CA6140 型车床进行操作，了解 CA6140 型车床的各种工作状态、操作方法及操作手柄的作用。

(2) 在教师指导下，弄清 CA6140 型车床电器元件安装位置及走线情况；结合机械、电气等方面相关的知识，弄清车床电气控制的特殊环节。

(3) 在 CA6140 型车床上人为设置自然故障。

(4) 教师示范检修，步骤如下。

① 用通电试验法引导学生观察故障现象。

② 根据故障现象，依据电路图，用逻辑分析法确定故障范围。

③ 采用正确的检查方法，查找故障点并排除故障。

④ 检修完毕，进行通电试验，并做好维修记录。

(5) 教师设置人为的故障点，由学生检修。

2. 故障设置原则

(1) 不能设置短路故障、机床带电故障，以免造成人身伤亡事故。

(2) 不能设置一接通总电源开关电动机就启动的故障，以免造成人身和设备事故。

(3) 设置故障不能损坏电气设备和电器元件。

(4) 在初次进行故障检修训练时，不要设置调换导线类故障，以免增大分析故障的难度。

3. 故障排除实习要求

(1) 学生应根据故障现象，先在原理图上正确标出最小故障范围的线段，然后采用正确的检查和故障排除方法并在额定时间内排除故障。

(2) 排除故障时，必须修复故障点，不得采用更换电器元件、借用触点及改动线路的方法。否则，作不能排除故障点扣分。

(3) 检修时，严禁扩大故障范围或产生新的故障，并不得损坏电器元件。

(4) 检修时，所有的工具、仪表应符合使用要求。

(5) CA6140 型车床中无升降电动机。

(6) 排除故障时，必须修复故障点，但不得采用元件代换法。

(7) 检修时，严禁扩大故障范围或产生新的故障。

(8) 带电检修，必须有指导教师监护，以确保安全。

7.4 考核评价

项目质量考核要求及评分标准见表 7-6。

表 7-6 质量评价表

项目内容	配分	评分标准	扣分	得分
故障分析	30 分	排除故障前不进行调查研究扣 5 分； 检修思路不正确扣 5 分； 标不出故障点、线或标错位置，每个故障点扣 10 分		
检修故障	60 分	切断电源后不验电扣 5 分； 使用仪表和工具不正确扣 5 分/次； 检查故障的方法不正确扣 10 分； 查出故障不会排除扣 20 分/个； 检修中扩大故障范围扣 10 分； 少查出故障扣 20 分/个； 损坏电器元件扣 30 分； 检修中或检修后试车操作不正确扣 5 分/次		
安全、文明生产	10 分	防护用品穿戴不齐全扣 5 分； 检修结束后未恢复原状扣 5 分； 检修中丢失零件扣 5 分； 出现短路或触电扣 10 分		
工时		1 小时，检查故障不允许超时，修复故障允许超时， 每超时 5 分钟扣 5 分，最多可延长 20 分钟		
合计	100 分			
备注	每项扣分最高不超过该项配分			

习　　题

一、填空题

1. CA6140 型车床调速方式是_____。

2. CA6140 型车床主轴电动机是_____。

3. 图 7-3 中接触器线圈符号下左栏中的数字表示接触器_____所处的图区号。

4. 图 7-3 中接触器线圈符号下中栏中的数字表示接触器_____所处的图区号。

5. 图 7-3 中接触器线圈符号下右栏中的数字表示接触器_____所处的图区号。

二、简答题

1. CA6140 型车床的主轴电动机 M1 因过载而停转，热继电器 FR1 的常闭触头是否复位？对冷却泵电动机 M2 和刀架快速移动电动机 M3 的运转是否无任何影响？

2. CA6140 型车床在车削过程中，若有一个控制主轴电动机的接触器主触头接触不良，会出现什么现象？如何解决？

3. 在 CA6140 型车床电气控制线路中，为什么未对 M3 进行过载保护？

项目 8

X62W 型万能铣床
故障的分析与排除

8.1 项 目 任 务

本项目内容见表 8-1.

表 8-1　X62W 型万能铣床故障的分析与排除项目内容

项目内容	(1) 了解 X62W 型万能铣床的主要结构与运动形式； (2) 掌握 X62W 型万能铣床的电气控制线路； (3) 能够对 X62W 型万能铣床电路电气线路故障进行分析、排除
重难点	(1) X62W 型万能铣床电气控制原理； (2) 铣床动力、照明线路及接地系统电气故障的排除
参考的相关标准	《GB/T 13869—2008 用电安全导则》 《GB 19518—2009 国家电气设备安全技术规范》 《GB/T 25295—2010 电气设备安全设计导则》 《GB 50054—2011 低压配电设计规范》
操作原则与安全注意事项	(1) 一般原则：培训的学员必须在指导老师的指导下才能操作该设备。务必按照技术文件和各独立元件的使用要求使用该系统，以保证人员和设备安全； (2) 检修前要认真阅读电路图，熟练掌握各个控制环节的原理及作用，并认真听取和仔细观察教师的示范检修； (3) 停电要验电。带电检修时，必须有指导教师在现场监护，以确保用电安全，同时要做好检修记录

项目导读

　　万能铣床是一种通用的多用途机床,可用来加工平面、斜面、沟槽;装上分度头后,可以铣切直齿轮和螺旋面;加装圆工作台,可以铣切凸轮和弧形槽。铣床的控制是机械与电气一体化的控制。

　　常用的万能铣床有两种,一种是 X62W 型卧式万能铣床,铣头水平方向放置,如图 8-1 所示;另一种是 X52K 型立式万能铣床,铣头垂直方向放置。

图 8-1　X62W 型万能铣床外形结构

1. X62W 型铣床的功能及基本的操作训练任务书

X62W 型铣床的功能及基本的操作训练任务书见表 8-2。

表 8-2　X62W 型铣床的功能及基本的操作训练

××学院	低压电气装调任务书	文件编号	
		版　次	共 3 页/第 1 页
工序号：1	工序名称：X62W 型铣床的功能及基本的操作方法		

	作 业 内 容
1	了解 X62W 型铣床的主要结构
2	了解 X62W 型铣床的电力拖动特点及控制要求
3	了解 X62W 型铣床的基本操作方法及操作手柄的作用

使 用 工 具
常用电工工具、万用表、兆欧表、钳形电流表

	※工艺要求(注意事项)
1	操作前要穿紧身防护服，袖口扣紧，上衣下摆不能敞开，严禁戴手套，不得在开动的机床旁穿穿、脱换衣服，或围布于身上，防止机器绞伤
2	必须戴好安全帽，鞋子应放入帽内，不得穿裙子、拖鞋
3	戴好防护镜：以防铁屑飞溅伤眼，并在机床周围安装挡板使之与操作区隔离
4	发现机床有故障，应立即停车检查并报告建设与保障部派机修工修理。工作完毕应做好清理工作，并关闭电源
5	操作时要注意安全，必须在老师的监护下进行操作

X62W 型普通铣床的基本操作

编制		批　准	
审核		生产日期	
更改标记			
更改人签名			

低压电气控制安装与调试实训教程

2. X62W 型铣床的电气控制线路的分析

X62W 型铣床的电气控制线路的分析见表 8-3。

表 8-3　X62W 型铣床的电气控制线路的分析

××学院	低压电气装调任务书		文件编号	
工序名称：X62W 型铣床的电气控制线路的分析			版　次	共 3 页/第 2 页
				作 业 内 容
			1	X62W 型铣床主电路分析
			2	X62W 型铣床控制电路分析
			3	X62W 型铣床照明及信号灯电路分析
				使 用 工 具
			常用电工工具、万用表、兆欧表、钳形电流表	
				※工艺要求(注意事项)
			1	必须在辅导老师指导监督下，严格按安全操作规程实作，未经批准，禁止自行操作
			2	在机床电气柜上分析机床电路时注意要在断电的情况下操作
工序号：1	X62W 型铣床电气控制线路主电路图		编　制	
			审　核	
更改标记			批　准	
更改人签名			生产日期	

3. X62W 型铣床常见电气故障的分析与维修

X62W 型铣床常见电气故障的分析与维修见表 8-4。

表 8-4　X62W 型铣床常见电气故障的分析与维修

××学院	低压电气装调任务书	文件编号	
		版　次	共 3 页/第 3 页
工序号: 1	工序名称: X62W 型铣床常见电气故障的分析与维修		作 业 内 容
1. 现场式教学法　2. 案例式教学法　3. 体验式教学法　4. 讨论式教学法		1	X62W 型铣床常见故障的分析
		2	X62W 型铣床故障的排除方法
		3	教师设置人为的故障点,由学生自行分析故障并排除
			使 用 工 具
		常用电工工具、万用表、兆欧表、钳形电流表	
			※工艺要求(注意事项)
		1	检修前应将机床清理干净并将机床电源断开
		2	试车前先检测电路是否存在短路现象,在正常的情况下进行试车,应当注意人身及设备安全
		3	用万用表电阻挡测量触点、导线通断时,量程置于"×1Ω"挡
		4	用兆欧表检测电路的绝缘电阻,应断开被测支路与其他支路联系,避免影响测量结果
		5	操作时要注意安全,必须在老师的监护下进行操作
编 制		批 准	
审 核		生产日期	
更改标记			
更改人签名			

8.2 项 目 准 备

8.2.1 X62W 型万能铣床故障的分析与排除训练材料清单

学习所需工具、设备见表 8-5。

表 8-5　工具、设备清单

序号	分类	名称	型号规格	数量	单位	备注
1	工具	常用电工工具		1	套	
2		万用表	MF47	1	只	
3		螺丝刀		1	把	
4	设备	500V 兆欧表		1	只	
5		钳形电流表		1	只	
6		X62W 型万能铣床	X62W	1	台	

8.2.2 X62W 型万能铣床故障的分析与排除训练流程图

X62W 型万能铣床故障的分析与排除训练流程详如图 8-2 所示。

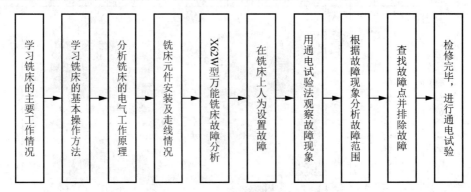

图 8-2　任务流程图

8.3 项 目 实 施

8.3.1 X62W 型万能铣床电气控制线路检修

1. 电路分析

1) 主电路分析

如图 8-3 所示，主电路中共有 3 台电动机，M1 是主电动机，拖动主轴带动铣刀进行铣削加工；M2 是工作台进给电动机，拖动升降台及工作台进给；M3 是冷却泵电动机，供应冷却液。每台电动机均有热继电器作过载保护。

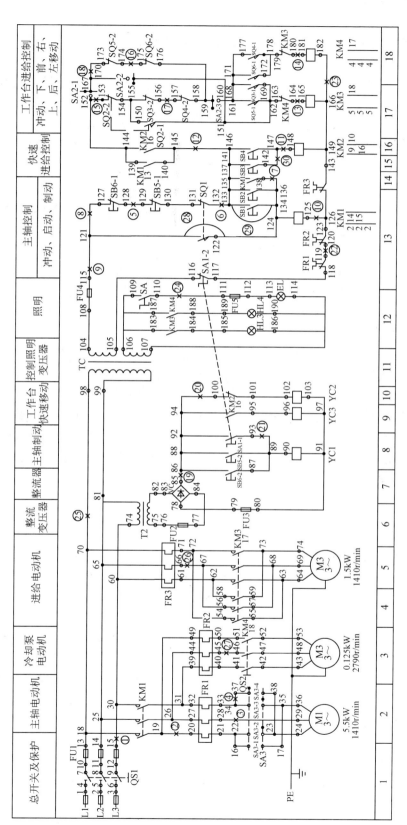

图 8-3　X62W 型万能铣床电气原理图

2) 控制电路分析

(1) 主轴电动机的控制：控制线路的启动按钮 SB1 和 SB2 是异地控制按钮，分别装在机床两处，方便操作。SB5 和 SB6 是停止按钮。KM1 是主轴电动机 M1 的启动接触器，YC1 则是主轴制动用的电磁离合器，SQ1 是主轴变速冲动的行程开关。主轴电动机是经过弹性联轴器和变速机构的齿轮传动链来实现传动的，可使主轴获得 18 级不同的转速。

(2) 主轴电动机的启动：启动前先合上电源开关 QS1，再把主轴转换开关 SA3 扳到所需要的旋转方向，然后按启动按钮 SB1(或 SB2)，接触器 KM1 获电动作并自锁，其主触头闭合，主轴电动机 M1 启动。

(3) 主轴电动机的停车制动　当铣削完毕，需要主轴电动机 M1 停车时，按停止转钮 SB5(或 SB6)，接触器 KM1 线圈断电释放，电动机 M1 停电，同时由于 SB5-2 或 SB6-2 接通电磁离合器 YC1，对主轴电动机进行制动。当主轴停车后方可松开停止按钮。

(4) 主轴换铣刀控制：主轴上更换铣刀时，为避免主轴转动，造成更换困难，应将主轴制动。方法是将转换开关 SA1 扳到换刀位置，常开触头 SA1-1 闭合，电磁离合器 YC1 获电，将电动机轴抱住；同时常闭触头 SA1-2 断开，切断控制电路，机床无法运行，保证人身安全。

(5) 主轴变速时的冲动控制：主轴变速时的冲动控制是利用变速手柄与冲动行程开关 SQ1 通过机械上的联动机构进行控制的。

将变速成手柄拉开，啮合好的齿轮脱离，可以用变速盘调整所需要的转速(实质是改变齿轮传动比)，然后将变速手柄推回原位，使变了传动比的齿轮组重新啮合。由于齿与齿之间的位置不能刚好对上，因而造成啮合困难。若在啮合时齿轮系统冲动一下，啮合将十分方便。当手柄推进时，手柄上装的凸轮将弹簧杆推动一下又返回。而弹簧又推动一下位置开关 SQ1，SQ1 的常闭触头 SQ1-2 先断开，而后常开触头 SQ1-1 闭合，使接触器 KM1 通电吸合，电动机 M1 启动，但紧接着凸轮放开弹簧杆，SQ1 复位，常开触头 SQ1-1 先断开，常闭触头 SQ1-2 后闭合，电动机 M1 断电。此时并未采取制动措施，故电动机 M1 产生一个冲动齿轮系统的力，足以使齿轮系统抖动，保证了齿轮的顺利啮合。

2. 工作台进给电动机控制

转换开关 SA2 是控制圆工作台的，在不需要圆工作台运动时，转换开关 SA2 扳到"断开"位置，此时 SA2-1 闭合，SA2-2 断开，SA2-3 闭合；当需要圆工作台运动时，将转换开关 SA2 扳到"接通"位置，则 SA2-1 断开，SA2-2 闭合，SA2-3 断开。

工作台纵向进给：工作台的左右(纵向)运动是由"工作台纵向操纵手柄"来控制。手柄有 3 个位置：向左、向右、零位(停止)。当手柄扳到向左或向右位置时，手柄有两个功能，一是压下位置开关 SQ5 或 SQ6，二是通过机械机构将电动机的传动链拨向工作台下面的丝杆上，使电动机的动力唯一地传到该丝杆上，工作台在丝杆带动下作左右进给。在工作台两端各设置一块挡铁，当工作台纵向运动到极限位置时，挡铁撞动纵向操作手柄，使它回到中间位置，工作台停止运动，从而实现纵向运动的终端保护。

1) 工作台向右运动

主轴电动机 M1 启动后，将操纵手柄向右扳，其联动机构压动位置开关 SQ5，常开触头 SQ5-1 闭合，常闭触头 SQ5-2 断开，接触器 KM3 通电吸合，电动机 M2 正转启动，带动工作台向右进给。

2) 工作台向左进给

控制过程与向右进给相似，只是将纵向操作手柄拨向左，这时位置开关 SQ6 被压着，SQ6-1 闭合，SQ6-2 断开，接触器 KM4 通电吸合，电动机反转，工作台向左进给。

工作台升降和横向(前后)进给：操纵工作台上下和前后运动是用同一手柄完成的。该手柄有 5 个位置，即上、下、前、后和中间位置。当手柄扳向上或向下时，机械上接通了垂直进给离合器；当手柄扳向前或扳向后时，机械手上接通了横向进给离合器手柄在中间位置时，横向和垂直进给离合器均不接通。

在手柄扳到向下或向前位置时，手柄通过机械联动机构使位置开关 SQ3 被压动，接触器 KM3 通电吸合，电动机正转；在手柄扳到向上或向后时，位置开关 SQ4 被压动，接触器 KM4 通电吸合，电动机反转。

此 5 个位置是联锁的，各方向的进给不能同时接通，所以不可能出现传动紊乱的现象。

3) 工作台向上(下)运动

在主轴电动机启动后，将纵向操作手柄扳到中间位置，把横向和升降操作手柄扳到向上(下)位置，并联动机构一方面接通垂直传动丝杆的离合器；另一方面它使位置开关 SQ4(SQ3)动作，KM4(KM3)获电，电动机 M2 反(正)转，工作台向上(下)运动。将手柄扳回中间位置，工作台停止运动。

4) 工作台向前(后)运动

手柄扳到向前(后)位置，机械装置将横向传动丝杆的离合器接通，同时压动位置开关 SQ3(SQ4)，KM3(KM4)获电，电动机 M2 正(反)转，工作台向前(后)运动。

5) 联锁问题

单独对垂直和横向操作手柄而言，上下前后 4 个方向只能选择其一，绝不会出现两个方向的可能性。但是操作这个手柄时，纵向操作手柄应扳到中间位置。若违背这一要求，即在上下前后 4 个方向中的某个方向进给时，又将控制纵向的手柄拨动了，这时有两个方向进给，将造成机床重大事故，所以必须联锁保护。若纵向手柄扳到任一方向，SQ5-2 或 SQ6-2 两个位置开关中的一个被压开，接触器 KM3 或 KM4 立刻失电，电动机 M2 停转，从而得到保护。

同理，当纵向操作手柄扳到某一方向而选择了向左或向右进给时，SQ5 或 SQ6 被压着，它们的常闭触头 SQ5-2 或 SQ6-2 是断开的，接触器 KM3 或 KM4 都由 SQ3-2 或 SQ4-2 接通。若发生误操作，使垂直和横向操作手柄扳离了中间位置，而选择上下前后某一方向的进给，就一定使 SQ3-2 或 SQ4-2 断开，使 KM3 或 KM4 断电释放，电动机 M2 停止运转，避免了机床事故。

6) 进给变速冲动

和主轴变速一样，进给变速时，为使齿轮进入良好的啮合状态，也要做变速后的瞬时点动。在进给变速时，只需将变速盘(在升降后前面)往外拉，使进给齿轮松开，待转动变速盘选择好速度以后，将变速盘向里推。在推进时，挡块压动位置开关 SQ2，首先使常闭触头 SQ2-2 断开，然后常触头 SQ2-1 闭合，接触器 KM3 通电吸合，电动机 M2 启动。但它并未转起来，位置开关 SQ2 已复位，首先断开 SQ2-1，而后闭合 SQ2-2。接触器 KM3 失电，电动机失电停转。这样可使电动机接通一下电源，齿轮系统产生一次抖动，使齿轮啮合顺利进行。

7) 工作台的快速移动

为了提高劳动生产率、减少生产辅助时间，X62W 型万能铣床在加工过程中，不做铣削加工时，要求工作台快速移动，当进入铣切区时，要求工作台以原进给速度移动。

安装好工件后，按按钮 SB3 或 SB4(两地控制)，接触器 KM2 通电吸合，它的一个常开触头接通进给控制电路，另一个常开触头接通电磁离合器 YC3，常闭触头切断电磁离合器 YC2。离合器 YC2 吸合将使齿轮系统和变速进给系统相联，而离合器 YC3 则是快速进给变换用的，它的吸合使进给传动系统跳动齿轮变速链，电动机可直接拖动丝杆套，让工作台快速进给。进给的方向仍由进给操作手柄来决定。当快速移动到预定位置时，松开按扭 SB3 或 SB4，接触器 KM2 断电释放，YC3 断开，YC2 吸合，工作台的快速移动停止，仍按原来方向做进给运动。

3. 圆形工作台的控制

为了扩大机床的加工能力，可在机床上安装附件圆形工作台，这样可以进行圆弧或凸轮的铣削加工。在拖动时，所有进给系统均停止工作(手柄放置于零位上)，只让圆工作台绕轴心回转。

当工件在圆工作台上安装好以后，用快速移动方法，将铣刀和工作之间位置调整好，把圆工作台控制开关 SA2 拨到"接通"位置，此时 SA2-1 和 SA2-3 断开，SA2-2 闭合。当主电动机启动后，圆工作台即开始工作，其控制电路是：电源→SQ2-2→SQ3-2→SQ4-2→SQ6-2→SQ5-2→SA2-2→KM4(常闭)→KM3 线圈→电源。接触器 KM3 通电吸合，电动机 M2 正转。该电机带动一根专用轴，使圆工作台绕轴心回转，铣刀铣出圆弧。在圆工作台开动时，其余进给一律不准运动，若有误操作，拨动了两个进给手柄中的任意一个，则必须会使位置开关 SQ3-SQ6 中的某一个被压动，则其常闭触头将断开，使电动机停转，从而避免了机床事故。

圆工作台在运转过程中不要求调速，也不要求反转。按下主轴停止按钮 SB5 或 SB6，主轴停转，圆工作台也停转。

4. 冷却和照明控制

冷却泵只有在主电动机启动后才能启动，所以主电路中将 M3 接在主触器 KM1 触头后面，另外又可用开关 QS2 控制。

机床照明由变压器 T1 供给 36V 安全电压。

8.3.2　X62W 型万能铣床常见电气故障的分析与维修

1. 主轴电动机 M1 不能启动

首先应检查各开关是否处于正常工作位置，然后检查三相电源、熔断器、热继电器的常闭触点、两地启动停止按钮以及接触器 KM1 的情况，看有无元件损坏、接线脱落、接触不良、线圈断路等现象。另外，还应检查主轴变速冲动开关 SQ1 是否由于开关位置移动甚至撞坏，常闭触点 SA1-2 接触不良而引起线路的故障。

2. 主轴电动机 M1 无制动

主轴的制动是通过电磁离合器 YC1 来完成的，所以首先应检查整流器的输出直流电源是否正确；然后检查停止按钮 SB5-1(SB6-1)是否完好；最后检查制动电磁离合器 YC1 的情况，看有无元件损坏、接线脱落、接触不良、线圈断路等现象.

3．工作台各个方向都不能进给

铣床工作台的进给运动是通过进给电动机 M2 的正反转配合机械传动来实现的。检修故障时，首先检查圆工作台的控制开关 SA2 是否在"断开"位置。若控制开关 SA2 在"断开"位置，工作台各个方向仍不能进给的主要原因是进给电动机 M2 不能启动。接着检查控制主轴电动机的接触器 KM1 是否已吸合动作，因为只有接触器 KM1 吸合后，控制进给电动机 M2 的接触器 KM3，KM4 才能得电。如果接触器 KM1 不能得电，则表明控制电路电源有故障，可检测控制变压器 TC 一次侧、二次侧绕组和电源电压是否正常，熔断器是否熔断。主轴旋转后，若各个方向仍无进给运动，可扳动进给手柄至各个运动方向，观察其相关的接触器是否吸合。若吸合，则表明故障发生在主电路和进给电动机上，常见的故障有接触器主触点接触不良、主触点脱落、机械卡死、电动机接线脱落和电动机绕组断路等。除此以外，由于经常扳动操作手柄，开关受到冲击，使位置开关 SQ3. SQ4，SQ5，SQ6 的位置发生变动或被撞坏，使线路处于断开状态。变速冲动开关 SQ2-2 在复位时不能闭合接通或接触不良，也会使工作台没有进给。

4．工作台能向左、右进给，不能向前、后、上、下进给

铣床控制工作台各个方向的开关是相互连接的，使之只有一个方向的运动。因此这种故障的原因可能是控制左、右进给的位置开关 SQ5 或 SQ6 由于经常被压合，使螺钉松动、开关移位、触点接触不良、开关机构卡住等，使线路断开或开关不能复位闭合，触点 173、174 或 174、175 断开。这样当操作工作台向前、后、上、下运动时，位置开关 SQ3-2 或 SQ4-2 也被压开，切断了进给接触器 KM3、KM4 的通路，造成工作台只能左、右运动，而不能前、后、上、下运动。检修故障时，用万用表欧姆挡测量 SQ5-2 或 SQ6-2 的接触导通情况，查找故障部位。修理或更换元件后，就可排除故障。注意在测量 SQ5-2 或 SQ6-2 的接通情况时，应操纵前、后、上、下进给手柄，使 SQ3-2 或 SQ4-2 断开，否则通过触点 147、144、153、156、158、176、173 的导通，会误认为 SQ5-2 或 SQ6-2 接触良好。

5．变速时不能冲动控制

这种故障多数是由于冲动位置开关 SQ1 或 SQ2 经常受到频繁冲击使开关位置改变，甚至开关底座被撞坏或接触不良使线路断开，从而造成主轴电动机 M1 或进给电动机 M2 不能瞬时点动。出现这种故障时，修理或更换开关，并调整好开关的动作距离，即可恢复冲动控制。

6．工作台不能快速移动，主轴制动失灵

这种故障主往是电磁离合器工作不正常所致。首先应检查接线有无松脱，整流变压器 T2，熔断器 FU2、FU4 的工作是否正常，整流器中的 4 个整流二极管是否损坏，若有二极管损坏，将导致输出直流电压偏低、吸力不够。其次，电磁离合器线圈是用环氧树脂黏合

在电磁离合器的套筒内的，散热条件差，易发热而烧毁。另外，由于离合器的动摩擦片和静摩擦片经常摩擦，因此它们是易损件，检修时也不可忽视这些问题。

8.3.3　操作指导

1.　操作步骤及要求

(1) 在教师的指导下，对铣床进行操作，了解铣床的各种工作状态、操作方法及操作手柄的作用。

(2) 在教师指导下，弄清铣床电器元件安装位置及走线情况；结合机械、电气、液压几方面相关的知识，弄清铣床电气控制的特殊环节。

(3) 在 X62W 型铣床上人为设置自然故障。

(4) 教师示范检修，步骤如下。

① 用通电试验法引导学生观察故障现象。

② 根据故障现象，依据电路图，用逻辑分析法确定故障范围。

③ 采用正确的检查方法，查找故障点并排除故障。

④ 检修完毕，进行通电试验，并做好维修记录。

(5) 教师设置人为的故障点，由学生检修。

2.　故障设置原则

(1) 不能设置短路故障、机床带电故障，以免造成人身伤亡事故。

(2) 不能设置一接通总电源开关电动机就启动的故障，以免造成人身和设备事故。

(3) 设置故障不能损坏电气设备和电器元件。

(4) 在初次进行故障检修训练时，不要设置调换导线类故障，以免增大分析故障的难度。

3.　排故实习要求

(1) 学生应根据故障现象，先在原理图上正确标出最小故障范围的线段，然后采用正确的检查和排故方法并在额定时间内排除故障。

(2) 排除故障时，必须修复故障点，不得采用更换电器元件、借用触点及改动线路的方法，否则，作不能排除故障点扣分。

(3) 检修时，严禁扩大故障范围或产生新的故障，并不得损坏电器元件。

4.　注意事项

(1) 熟悉 X62W 型铣床电气线路的基本环节及控制要求。

(2) 弄清电气、液压和机械系统如何配合实现某种运动方式，认真观摩教师的示范检修。

(3) 检修时，所用的工具、仪表应符合使用要求。

(4) 不能随便改变升降电动机原来的电源相序。

(5) 排除故障时，必须修复故障点，但不得采用元件代换法。

(6) 检修时，严禁扩大故障范围或产生新的故障。

(7) 带电检修，必须有指导教师监护，以确保安全。

8.4　考核评价

项目质量考核要求及评分标准见表 8-6。

表 8-6　质量评价表

项目内容	配分	评分标准	扣分	得分
故障分析	30 分	排除故障前不进行调查研究扣 5 分； 检修思路不正确扣 5 分； 标不出故障点、线或标错位置扣 10 分/个		
检修故障	60 分	切断电源后不验电扣 5 分； 使用仪表和工具不正确扣 5 分/次； 检查故障的方法不正确扣 10 分； 查出故障不会排除扣 20 分/个； 检修中扩大故障范围扣 10 分； 少查出故障扣 20 分/个； 损坏电器元件扣 30 分； 检修中或检修后试车操作不正确扣 5 分/次		
安全、文明生产	10 分	防护用品穿戴不齐全扣 5 分； 检修结束后未恢复原状扣 5 分； 检修中丢失零件扣 5 分； 出现短路或触电扣 10 分		
工时		1 小时，检查故障不允许超时，修复故障允许超时，每超时 5 分钟扣 5 分，最多可延长 20 分钟		
合计	100 分			
备注	每项扣分最高不超过该项配分			

习　　题

一、填空题

1. X62W 型万能铣床是_____铣床，它的铣头_____方向放置；X52K 型万能铣床是_____铣床，它的铣头_____方向放置。

2. 铣床的主轴带动铣刀的旋转运动是_____；铣床工作台前后、左右、上下 6 个方向的运动是_____；工作台的旋转运动是_____。

3. X62W 型万能铣床的主轴运动和进给运动是通过_____来进行变速的，为保证变速齿轮进入良好啮合状态，要求铣床变速后作_____。

4. 安装在 X62W 型万能铣床工作台上的工件可以在_____方向调整位置或进给。

5. X62W 型万能铣床主轴 M1 要求正反转，不用接触器控制而用组合开关控制，是因为_____。

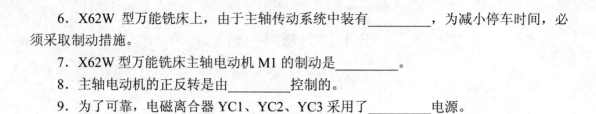
6．X62W 型万能铣床上，由于主轴传动系统中装有_____，为减小停车时间，必须采取制动措施。

7．X62W 型万能铣床主轴电动机 M1 的制动是_____。

8．主轴电动机的正反转是由_____控制的。

9．为了可靠，电磁离合器 YC1、YC2、YC3 采用了_____电源。

项目 9

Z3050 型摇臂钻床故障的分析与排除

9.1 项目任务

本项目内容见表 9-1。

表 9-1 Z3050 型摇臂钻床故障的分析与排除项目内容

项目内容	(1) Z3050 型摇臂钻床的主要结构与运动形式; (2) Z3050 型摇臂钻床的电气控制线路; (3) Z3050 型摇臂钻床电气线路故障进行分析、排除
重难点	(1) Z3050 型摇臂钻床电气控制原理; (2) 钻床动力、照明线路及接地系统电气故障的排除
参考的相关标准	《GB/T 13869—2008 用电安全导则》 《GB 19519—2009 国家电气设备安全技术规范》 《GB/T 25295—2010 电气设备安全设计导则》 《GB 50054—2011 低压配电设计规范》
操作原则与安全注意事项	(1) 一般原则:培训的学员必须在指导老师的指导下才能操作该设备。务必按照技术文件和各独立元件的使用要求使用该系统,以保证人员和设备安全; (2) 检修前要认真阅读电路图,熟练掌握各个控制环节的原理及作用,并认真听取和仔细观察教师的示范检修; (3) 停电要验电。带电检修时,必须有指导教师在现场监护,以确保用电安全,同时要做好检修记录

 项目导读

　　Z3050 型摇臂钻床是一种用途广泛的孔加工机床，主要用于钻削精度要求不太高的孔，另外还可用来扩孔、铰孔、镗孔，以及刮平面、攻螺纹等，如图 9-1 所示。

　　钻床的结构形式很多，有立式钻床、卧式钻床、深孔钻床及多轴钻床等。摇臂钻床是一种立式钻床，它适用于单件或批量生产中带有多孔的大型零件的孔加工。

图 9-1　Z3050 型钻床外形结构

1. Z3050 型钻床的功能及基本的操作方法

Z3050 型钻床的功能及基本的操作方法任务书

Z3050 型钻床的功能及基本的操作方法任务书见表 9-2。

表 9-2　Z3050 型钻床的功能及操作方法

××学院	电气设备安装任务书	文件编号	
		版　次	
工序号：1	工序名称：Z3050 摇臂钻床的功能及操作方法	共 3 页/第 1 页	

	作　业　内　容	
1	了解 Z3050 型摇臂钻床的主要结构	
2	了解 Z3050 型摇臂钻床的电力拖动特点及控制要求	
3	了解 Z3050 型摇臂钻床的基本操作方法及操作手柄的作用	

使用工具	
常用电工工具、万用表、兆欧表、钳形电流表	

	工艺要求(注意事项)	
1	操作前要穿紧身防护服，袖口扣紧，上衣下摆不能敞开，严禁戴手套，不得在开动的机床旁穿、脱换衣服，或围布于身上，防止机器绞伤	
2	必须戴好安全帽，辫子应放入帽内，不得穿裙子、拖鞋	
3	戴好防护镜，以防铁屑飞溅伤眼，操作区隔离	
4	发现机床有故障，应立即停车检查并报告相关部门派机修工修理。工作完毕应做好清理工作，并关闭电源	
5	操作时要注意安全，必须在老师的监护下进行操作	

Z3050 型摇臂钻床主要结构

编　制		审　核	
批　准		生产日期	
更改标记			
更改人签名			

2. Z3050 型摇臂钻床的电气控制线路的分析任务书

Z3050 型摇臂钻床的电气控制线路的分析任务书见表 9-3。

表 9-3　Z3050 型摇臂钻床的电气控制线路的分析

××学院	低压电气装调任务书	文件编号	
工序名称: Z3050 型摇臂钻床电气控制分析		版次	共 3 页/第 2 页
工序号: 1			作 业 内 容
		1	Z3050 型摇臂钻床主电路分析
		2	Z3050 型摇臂钻床控制电路分析
		3	Z3050 型摇臂钻床照明及信号灯电路分析
			使 用 工 具
			常用电工工具、万用表、兆欧表、钳形电流表
			※工艺要求(注意事项)
		1	必须在辅导老师指导监督下,严格按安全操作规程实作,未经批准,禁止自行操作
		2	在机床电气柜上分析机床电路时注意要在断电的情况下操作
编制	审核	批　准	
更改标记		生产日期	
更改人签名			

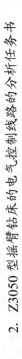

Z3050 型摇臂钻床电气控制线路主电路

3. Z3050 型摇臂钻床常见电气故障的分析与维修任务书

Z3050 型摇臂钻床常见电气故障的分析与维修任务书见表 9-4。

表 9-4　Z3050 型摇臂钻床常见电气故障的分析与维修

××学院	电气设备安装任务书	文件编号	
		版　次	
工序号：1	工序名称：Z3050 型摇臂钻床常见电气故障的分析	共 3 页／第 3 页	

	作业内容
1	Z3050 型摇臂钻床常见故障的分析
2	Z3050 型摇臂钻床故障的排除方法
3	教师设置人为的故障点，由学生自行分析故障并排除

使用工具

常用电工工具、万用表、兆欧表、钳形电流表

※工艺要求(注意事项)

1	检修前应将机床清理干净并将机床电源断开
2	试车前先检测电路是否存在短路现象，在正常的情况下进行试车，应当注意人身及设备安全
3	用万用表电阻挡测量触点、号线通断时，量程置于"×1Ω"挡
4	用兆欧表检测电路的绝缘电阻，应断开被测支路与其他支路联系，避免影响测量结果
5	操作时要注意安全，必须在老师的监护下进行操作

批　准		生产日期	
编　制		审　核	
更改标记		更改人签名	

1. 现场式教学法　　2. 案例式教学法

3. 体验式教学法　　4. 讨论式教学法

9.2 项 目 准 备

9.2.1 Z3050 型摇臂钻床故障的分析与排除训练材料清单

学习所需工具、设备见表 9-5。

表 9-5 工具、设备清单

序号	分类	名称	型号规格	数量	单位	备注
1	工具	常用电工工具		1	套	
2		万用表	MF47	1	只	
3		螺丝刀		1	把	
4	设备	500V 兆欧表		1	只	
5		钳形电流表		1	只	
6		Z3050 型摇臂钻床	Z3050	1	台	

9.2.2 Z3050 型摇臂钻床故障的分析与排除训流程图

Z3050 型摇臂钻床故障的分析与排除训练流程详如图 9-2 所示。

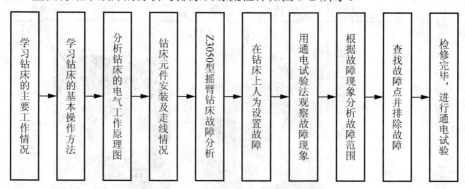

图 9-2　任务流程图

9.3 项 目 实 施

9.3.1 Z3050 型摇臂钻床电气控制线路分析

钻床是一种用途广泛的孔加工机床，主要用于钻削精度要求不太高的孔，另外还可用来扩孔、铰孔、镗孔，以及刮平面、攻螺纹等。

钻床的结构形式很多，有立式钻床、卧式钻床、深孔钻床及多轴钻床等。摇臂钻床是一种立式钻床，它适用于单件或批量生产中带有多孔的大型零件的孔加工。本文以 Z3050 型摇臂钻床为例进行分析。

摇臂钻床型号意义如图 9-3 所示。

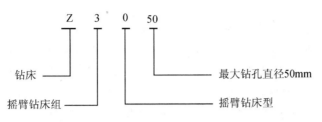

图 9-3　摇臂钻床型号意义

1. 主要结构及运动形式

Z3050 型摇臂钻床主要由底座、内立柱、外立柱、摇臂、主轴箱、工作台等组成。内立柱固定在底座上，在它外面套着空心的外立柱，外立柱可绕着内立柱回转一周，摇臂一端的套筒部分与外立柱滑动配合，借助于丝杆，摇臂可沿着外立柱上下移动，但两者不能作相对转动，所以摇臂将与外立柱一起相对内立柱回转。主轴箱是一个复合的部件，它具有主轴及主轴旋转部件和主轴进给的全部变速和操纵机构。主轴箱可沿着摇臂上的水平导轨作径向移动。当进行加工时，可利用特殊的夹紧机构将外立柱紧固在内立柱上，摇臂紧固在外立柱上，主轴箱紧固在摇臂导轨上，然后进行钻削加工。

2. 摇臂钻床的电力拖动特点及控制要求

(1) 摇臂钻床的运动部件较多，多简化传动装置，使用多电动机拖动，主电动机承担主钻削及进给任务，摇臂升降，夹紧放松和冷却泵各用一台电动机拖动。

(2) 为了适应多种加工方式的要求，主轴及进给应在较大范围内调速。但这些调速都是机械调速，用手柄操作变速箱调速，对电动机无任何调速要求。从结构上看，主轴变速机构与进给变速机构应该放在一个变速箱内，而且两种运动由一台电动机拖动是合理的。

(3) 加工螺纹时要求主轴能正反转。摇臂钻床的正反转一般用机械方法实现，电动机只需单方向旋转。

(4) 摇臂升降由单独电动机拖动，要求能实现正反转。

(5) 摇臂的夹紧与放松以及立柱的夹紧与放松由一台异步电动机配合液压装置来完成，要求这台电动机能正反转。摇臂的回转和主轴箱的径向移动在中小型摇臂钻床上都采用手动。

(6) 钻削加工时，为对刀具及工件进行冷却，需要一台冷却泵电动机拖动冷却泵输送冷却液。

3. 电气控制线路分析

1) 主电路分析

Z3050 型摇臂钻床共 4 台电动机，除冷却泵电动机采用开关直接启动外，其余 3 台异步电动机均采用接触器控制启动。

(1) M1 是主轴电动机，由交流接触器 KM1 控制，只要求单方向旋转，主轴的正反转由机械手柄操作。M1 装在主轴箱顶部，带动主轴及进给传动系统，热继电器 FR1 是过载保护元件，短路保护电器是总电源开关中的电磁脱扣装置。

(2) M2 是摇臂升降电动机，装于主轴顶部，用接触器 KM2 和 KM3 控制正反转。因为该电动机短时间工作，故不设过载保护电器。

(3) M3 是液压油泵电动机，可以做正向转动和反向转动。正向旋转和反向旋转的启动与停止由接触器 KM4 和 KM5 控制。热继电器 FR2 是液压油泵电动机的过载保护电器。该电动机的主要作用是供给夹紧装置压力油，实现摇臂和立柱的夹紧和松开。

(4) M4 是冷却泵电动机，功率很小，由开关直接启动和停止。

摇臂升降电动机 M2 和液压油泵电动机 M3 共用第三个自动空气开关中的电磁脱扣作为短路保护电器。

主电路电源电压为交流 380V，自动空气开关 QF1 作为电源引入开关。

2) 控制电路分析

(1) 开车前的准备工作。为了保证操作安全，本机床具有"开门断电"功能。所以开车前应将立柱下部及摇臂后部的电门盖关好，方能接通电源。合上 QF3 及总电源开关 QF1，则电源指示灯 HL1 亮，表示机床的电气线路已进入带电状态。

(2) 主轴电动机 M1 的控制。按启动按钮 SB3，则接触器 KM1 吸合并自锁，使主轴电动机 M1 启动运行，同时指示灯 HL2 显亮。按停止按钮 SB2，则接触器 KM1 释放，使主轴电动机 M1 停止旋转，同时指示灯 HL2 熄灭。

(3) 摇臂升降控制。

① 摇臂上升。按上升按钮 SB4，则时间继电器 KT1 通电吸合，它的瞬时闭合的动合触头(15 区)闭合，接触器 KM4 线圈通电，液压油泵电动机 M3 启动正向旋转，供给压力油。压力油经分配阀体进入摇臂的"松开油腔"，推动活塞移动，活塞推动菱形块，将摇臂松开。同时，活塞杆通过弹簧片使位置开关 SQ2，使其动断触点断开，动合触点闭合。前者切断了接触器 KM4 的线圈电路，KM4 的主触头断开，液压油泵电动机停止工作。后者使交流接触器 KM2 的线圈通电，主触头接通 M2 的电源，摇臂升降电动机启动正向旋转，带动摇臂上升，如果此时摇臂尚未松开，则位置开关 SQ2 常开触头不闭合，接触器 KM2 就不能吸合，摇臂就不能上升。

当摇臂上升到所需位置时，松开按钮 SB4，则接触器 KM2 和时间继电器 KT1 同时断电释放，M2 停止工作，随之摇臂停止上升。

由于时间继电器 KT1 断电释放，经 1～3s 时间的延时后，其延时闭合的常闭触点(17 区)闭合，使接触器 KM5 吸合，液压泵电动机 M3 反向旋转，随之泵内压力油经分配阀进入摇臂的"夹紧油腔"，摇臂夹紧。在摇臂夹紧的同时，活塞杆通过弹簧片使位置开关 SQ3 的动断触点断开，KM5 断电释放，最终停止 M3 工作，完成了摇臂的"松开→上升→夹紧"的整套动作。

② 摇臂下降。按降按钮 SB5，则时间继电器 KT1 通电吸合，其常开触头闭合，接通 KM4 线圈电源，液压油泵电动机 M3 启动正向旋转，供给压力油。与前面叙述的过程相似，先使摇臂松开，接着压动位置开关 SQ2。其常闭触头断开，使 KM4 断电释放，液压油泵电机停止工作；其常开触头闭合，使 KM3 线圈通电，摇臂升降电动机 M2 反向运转，带动摇臂下降。

当摇臂下降到所需位置时，松开按钮 SB5，则接触器 KM3 和时间继电器 KT1 同时断电释放，M2 停止工作，摇臂停止下降。

　　由于时间继电器 KT1 断电释放，经 1～3s 时间的延时后，其延时闭合的常闭触头闭合，KM5 线圈获电，液压泵电动机 M3 反向旋转，随之摇臂夹紧。在摇臂夹紧同时，使位置开关 SQ3 断开，KM5 断电释放，最终停止 M3 工作，完成了摇臂的"松开→下降→夹紧"的整套动作。

　　组合开关 SQ1a 和 SQ1b 用来限制摇臂的升降过程。当摇臂上升到极限位置时，SQ1a 动作，接触器 KM2 断电释放，M2 停止运行，摇臂停止上升；当摇臂下降到极限位置时，SQ1b 动作，接触器 KM3 断电释放，M2 停止运行，摇臂停止下降。

　　摇臂的自动夹紧由位置开关 SQ3 控制。如果液压夹紧系统出现故障，不能自动夹紧摇臂，或者由于 SQ3 调整不当，在摇臂夹紧后不能使 SQ3 的常闭触头断开，都会使液压泵电动机因长期过载运行而损坏。为此，电路中设有热继电器 FR2，其整定值应根据液压电动机 M3 的额定电流进行调整。

　　摇臂升降电动机的正反转控制继电器不允许同时得电动作，以防止电源短路。为避免因操作失误等原因而造成短路事故，摇臂上升和下降的控制线路中采用了接触器的辅助触头互锁和复合按钮互锁两种保证安全的方法，确保电路安全工作。

　　(4) 立柱和主轴箱的夹紧与松开控制。立柱和主轴箱的松开(或夹紧)既可以同时进行，也可以单独进行，由转换开关 SA1 和复合按钮 SB6(或 SB7)进行控制。SA1 有 3 个位置。扳到中间位置时，立柱和主轴箱的松开(或夹紧)同时进行；扳到左边位置时，立柱夹紧(或放松)；扳到右边位置时，主轴箱夹紧(或放松)。复合按钮 SB6 是松开控制按钮，SB7 是夹紧控制按钮。

　　① 立柱和主轴箱同时松、夹。将转换开关 SA1 扳到中间位置，然后按松开按钮 SB6，时间继电器 KT2、KT3 同时得电。KT2 的延时断开的常开触头闭合，电磁铁 YA1、YA2 得电吸合，而 KT3 的延时闭合的常开触点经 1～3s 后才闭合。随后，KM4 闭合，液压泵电动机 M3 正转，供出的压力油进入立柱和主轴箱松开油腔，使立柱和主轴箱同时松开。

　　② 立柱和主轴箱单独松、夹。如希望单独控制主轴箱，可将转换开关 SA1 扳到右侧位置，按松开按钮 SB6(或夹紧按钮 SB7)，此时时间继电器 KT2 和 KT3 的线圈同时得电，电磁铁 YA2 单独通电吸合，即可实现主轴箱的单独松开(或夹紧)。

　　松开复合按钮 SB6(或 SB7)，时间继电器 KT2 和 KT3 的线圈断电释放，KT3 的通电延时闭合的常开触头瞬时断开，接触器 KM4(或 KM5)的线圈断电释放，液压泵电动机停转。经过 1～3s 的延时，电磁铁 YA2 的线圈断电释放，主轴箱松开(或夹紧)的操作结束。

　　同理，把转换开关扳到左侧，则可使立柱单独松开或夹紧。

　　因为立柱和主轴箱的松开与夹紧是短时间的调整工作，所以采用点动方式。

　　YL-ZZ 型 Z3050 摇臂钻床电路原理图如图 9-4 所示。

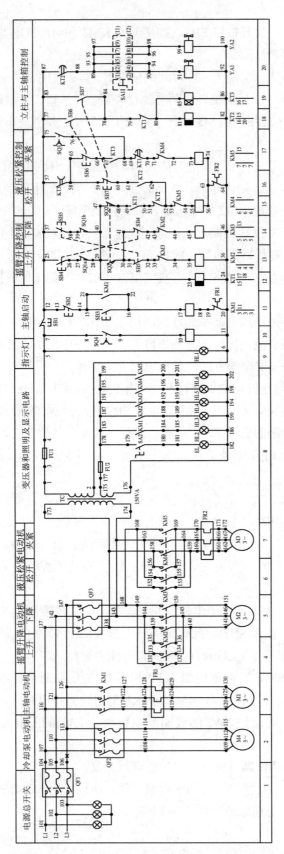

图 9-4　YL-ZZ 型 Z3050 摇臂钻床电路原理图

9.3.2　电气线路常见故障分析

摇臂钻床电气控制的特殊环节是摇臂升降。Z3050 型摇臂钻床的工作过程是由电气与机械、液压系统紧密结合实现的。因此，在维修中不仅要注意电气部分能否正常工作，也要注意它与机械和液压部分的协调关系，下面仅分析摇臂钻床升降中的电气故障。

1. 摇臂不能升降

由摇臂升降过程可知，升降电动机 M2 旋转，带动摇臂升降，其前提是摇臂完全松开，活塞杆压位置开关 SQ2。如果 SQ2 不动作，常见故障是 SQ2 安装位置移动。这样，摇臂虽已放松，但活塞杆压不上 SQ2，摇臂就不能升降，有时液压系统发生故障，使摇臂放松不够，也会压不上 SQ2，使摇臂不能移动。由此可见，SQ2 的位置非常重要，应配合机械、液压调整好后紧固。

电动机 M3 电源相序接反时，按上升按钮 SB4(或下降按钮 SB5)，M3 反转，使摇臂夹紧，SQ2 应不动作，摇臂也就不能升降。所以，在机床大修或新安装后，要检查电源相序。

2. 摇臂升降后，摇臂夹不紧

由摇臂夹紧的动作过程可知，夹紧动作的结束是由位置开关 SQ3 来完成的，如果 SQ3 动作过早，将导致 M3 尚未充分夹紧就停转。常见的故障原因是 SQ3 安装位置不合适、固定螺丝松动造成 SQ3 移位，使 SQ3 在摇臂夹紧动作未完成时就被压上，切断了 KM5 回路，使 M3 停转。

排除故障时，首先判断是液压系统的故障(如活塞杆阀心卡死或油路堵塞造成的夹紧力不够)，还是电气系统故障。对电气方面的故障，应重新调整 SQ3 的动作距离，固定好螺钉即可。

3. 立柱、主轴箱不能夹紧或松开

立柱、主轴箱不能夹紧或松开的可能原因是油路堵塞、接触器 KM4 或 KM5 不能吸合。出现故障时，应检查按钮 SB6、SB7 接线情况是否良好，若接触器 KM4 或 KM5 能吸合，M3 能运转，可排除电气方面的故障，则应请液压、机械修理人员检修油路，以确定是否是油路故障。

4. 摇臂上升或下降限位保护开关失灵

组合开关 SQ1 的失灵分两种情况：一是组合开关 SQ1 损坏，SQ1 触头不能因开关动作而闭合或接触不良使线路断开，由此使摇臂不能上升或下降；二是组合开关 SQ1 不能动作，触头熔焊，使线路始终处于接通状态，当摇臂上升或下降到极限位置后，摇臂升降电动机 M2 发生堵转，这时应立即松开 SB4 或 SB5。根据上述情况进行分析，找出故障原因，更换或修理失灵的组合开关 SQ1 即可。

5. 按下 SQ6 立柱、主轴箱能夹紧，但释放后就松开

由于立柱、主轴箱的夹紧和松开机构都采用机械菱形块结构，所以这种故障多为机械原因。可能是菱形块和承压块的角度方向搞错，或者距离不合适，也可能因夹紧力调得太大或夹紧液压系统压力不够导致菱形块立不起来，可找机械修理工检修。

9.3.3 操作指导

1. 操作步骤及要求

(1) 在教师的指导下，对钻床进行操作，了解钻床的各种工作状态、操作方法及操作手柄的作用。

(2) 在教师指导下，弄清钻床电器元件安装位置及走线情况；结合机械、电气、液压几方面相关的知识，弄清钻床电气控制的特殊环节。

(3) 在 Z3050 型摇臂钻床上人为设置自然故障。

(4) 教师示范检修，步骤如下。

① 用通电试验法引导学生观察故障现象。

② 根据故障现象，依据电路图，用逻辑分析法确定故障范围。

③ 采用正确的检查方法，查找故障点并排除故障。

④ 检修完毕，进行通电试验，并做好维修记录。

(5) 教师设置人为的故障点，由学生检修。

2. 故障设置原则

(1) 不能设置短路故障、机床带电故障，以免造成人身伤亡事故。

(2) 不能设置一接通总电源开关电动机就启动的故障，以免造成人身和设备事故。

(3) 设置故障不能损坏电气设备和电器元件。

(4) 在初次进行故障检修训练时，不要设置调换导线类故障，以免增大分析故障的难度。

3. 故障排除实习要求

(1) 学生应根据故障现象，先在原理图上正确标出最小故障范围的线段，然后采用正确的检查和故障排除方法并在额定时间内排除故障。

(2) 排除故障时，必须修复故障点，不得采用更换电器元件、借用触点及改动线路的方法。否则，作不能排除故障点扣分。

(3) 检修时，严禁扩大故障范围或产生新的故障，并不得损坏电器元件。

4. 注意事项

(1) 熟悉 Z3050 型摇臂钻床电气线路的基本环节及控制要求。

(2) 弄清电气、液压和机械系统如何配合实现某种运动方式，认真观摩教师的示范检修。

(3) 检修时，所有的工具、仪表应符合使用要求。

(4) 不能随便改变升降电动机原来的电源相序。

(5) 排除故障时，必须修复故障点，但不得采用元件代换法。

(6) 检修时，严禁扩大故障范围或产生新的故障。

(7) 带电检修，必须有指导教师监护，以确保安全。

9.4　考 核 评 价

项目质量考核要求及评分标准见表 9-6。

表 9-6　质量评价表

项目内容	配分	评分标准	扣分	得分
故障分析	30 分	排除故障前不进行调查研究扣 5 分； 检修思路不正确扣 5 分； 标不出故障点、线或标错位置扣 10 分/个		
检修故障	60 分	切断电源后不验电扣 5 分； 使用仪表和工具不正确扣 5 分/次； 检查故障的方法不正确扣 10 分； 查出故障不会排除扣 20 分/个； 检修中扩大故障范围扣 10 分； 少查出故障扣 20 分/个； 损坏电器元件扣 30 分； 检修中或检修后试车操作不正确扣 5 分/次		
安全、文明生产	10 分	防护用品穿戴不齐全扣 5 分； 检修结束后未恢复原状扣 5 分； 检修中丢失零件扣 5 分； 出现短路或触电扣 10 分		
工时		1 小时，检查故障不允许超时，修复故障允许超时，每超时 5 分钟扣 5 分，最多可延长 20 分钟		
合计	100 分			
备注	每项扣分最高不超过该项配分			

习　　题

一、填空题

1．摇臂钻床主轴带动钻头的旋转运动是_____，钻头的上下运动是_____；主轴箱沿摇臂水平移动、摇臂沿外立柱上下移动以及摇臂连同外立柱一起相对于内立柱的回转运动是_____。

2．Z3050 型摇臂钻床的各种工作状态都是通过_____操作的。主轴的正反转是通过_____实现的，主轴转速和进刀量用_____调节。

3．结合图 9-3 所示电路图填空。

(1) 该钻床共有_____台三相异步电动机，它们分别是_____、_____和_____。

(2) 电动机 M1 是由_____控制的，M2、M3、M4 则分别由接触器_____、_____、_____控制的，其中_____只需单向运转，_____要求双向旋转。

(3) 熔断器 FUI、FU2 分别作为电动机的_____保护，热继电器 FR 作为电动机的_____保护。

(4) 十字开关 SA 由_____和_____组成，操作手柄有_____、_____、_____、_____和_____5 个位置，当手柄扳向左端时，微动开关触头_____闭合，_____线圈得电并自锁；当手柄扳向右端时，微动开关触头_____闭合，_____线圈得电吸合，电动机_____运转并带动主轴旋转；当手柄扳向上端时，触头_____闭合，_____线圈得电吸合，_____运转并带动摇臂上升；当手柄扳向下端时，触头_____合，_____线圈得电吸合，_____运转并带动摇臂下降；当手柄扳向中间位置时，触头全部_____，控制电路_____。

(5) 要使摇臂和外立柱绕内立柱转动，应首先_____外立柱，这时可拨动机械手柄使位置开关_____动作，接触器_____线圈得电吸合，电动机_____拖动液压泵正向工作，使立柱夹紧装置放松。

(6) 当立柱的夹紧装置完全放松时，组合开关_____的触头动作，其常闭触头_____分断，使接触器_____断电释放，M4 停转，而其常开触头_____闭合，为立柱的夹紧做好准备。

(7) 当摇臂转动到所需位置要夹紧时，可扳动手柄使位置开关_____复位，接触器_____线圈得电吸合，电动机_____带动液压泵反向转，使立柱夹紧。待完全夹紧后，组合开关_____复位，接触器_____的线圈失电，电动机_____停转。

二、简答题

结合图 9-3，回答以下问题。

1. 简述摇臂下降的工作过程。

2. 主轴电动机 M2 不能停转的故障原因有哪些？如何排除？

3. 使摇臂升降后不能按需要停车的故障原因有哪些？若出现这种情况应该怎么办？

4. 若出现主轴箱和立柱的松紧故障，应着重检查哪几部分？

参 考 文 献

[1] 张伟林. 电气控制与 PLC 综合应用技术[M]. 北京：人民邮电出版社，2009.

[2] 吴灏. 电机与机床电气控制[M]. 北京：人民邮电出版社，2009.

[3] 华满香. 电气控制与 PLC 应用[M]. 北京：人民邮电出版社，2001.

[4] 胡晓明. 电气控制及 PLC[M]. 北京：机械工业出版社，2007.

[5] 丁学恭. 电气控制与 PLC[M]. 杭州：浙江大学出版社，2004.

[6] 齐占庆，王振臣. 机床电气控制技术[M]. 北京：机械工业出版社，1997.

[7] 李敬梅. 电力拖动控制线路与技能训练[M]. 北京：中国劳动社会保障出版社，2009.

[8] 王广仁. 机床电气维修技术[M]. 北京：中国电力出版社，1997.

[9] 里中年. 控制电气及应用[M]. 北京：清华大学出版社，2001.

[10] 陈伯时. 电力拖动自动控制系统[M]. 北京：机械工业出版社，2005.

[11] 闫和平. 常用低压电器和电气控制技术问答[M]. 北京：机械工业出版社，2006.

[12] 佟为明. 低压电器及电气及其控制系统[M]. 哈尔滨：哈尔滨工业大学出版社，2000.

[13] 闫和平. 常用低压电器应用手册[M]. 北京：机械工业出版社，2005.

[14] 刘浍. 常用低压电器与可编程控制器[M]. 西安：西安电子科技大学出版社，2005.

[15] 王永华. 现代电气控制与 PLC 应用技术[M]. 北京：北京航空航天大学出版社，2003.

[16] 钱晓龙. 智能电器与 MicroLogix 控制器[M]. 北京：机械工业出版社，2005.

[17] 汪晋宽. 工业网络技术[M]. 北京：机械工业出版社，2003.

[18] 倪远平. 现代低压电器及控制技术[M]. 重庆：重庆大学出版社，2003.

北京大学出版社高职高专机电系列规划教材

序号	书号	书名	编著者	定价	出版日期
1	978-7-301-12181-8	自动控制原理与应用	梁南丁	23.00	2012.1 第3次印刷
2	978-7-5038-4869-8	设备状态监测与故障诊断技术	林英志	22.00	2013.2 第4次印刷
3	978-7-301-13262-3	实用数控编程与操作	钱东东	32.00	2011.8 第3次印刷
4	978-7-301-13383-5	机械专业英语图解教程	朱派龙	22.00	2013.1 第5次印刷
5	978-7-301-13582-2	液压与气压传动技术	袁 广	24.00	2011.3 第3次印刷
6	978-7-301-13662-1	机械制造技术	宁广庆	42.00	2010.11 第2次印刷
7	978-7-301-13574-7	机械制造基础	徐从清	32.00	2012.7 第3次印刷
8	978-7-301-13653-9	工程力学	武昭晖	25.00	2011.2 第3次印刷
9	978-7-301-13652-2	金工实训	柴增田	22.00	2013.1 第4次印刷
10	978-7-301-14470-1	数控编程与操作	刘瑞已	29.00	2011.2 第2次印刷
11	978-7-301-13651-5	金属工艺学	柴增田	27.00	2011.6 第2次印刷
12	978-7-301-12389-8	电机与拖动	梁南丁	32.00	2011.12 第2次印刷
13	978-7-301-13659-1	CAD/CAM 实体造型教程与实训 (Pro/ENGINEER 版)	诸小丽	38.00	2012.1 第3次印刷
14	978-7-301-13656-0	机械设计基础	时忠明	25.00	2012.7 第3次印刷
15	978-7-301-17122-6	AutoCAD 机械绘图项目教程	张海鹏	36.00	2011.10 第2次印刷
16	978-7-301-17148-6	普通机床零件加工	杨雪青	26.00	2010.6
17	978-7-301-17398-5	数控加工技术项目教程	李东君	48.00	2010.8
18	978-7-301-17573-6	AutoCAD 机械绘图基础教程	王长忠	32.00	2010.8
19	978-7-301-17557-6	CAD/CAM 数控编程项目教程(UG 版)	慕 灿	45.00	2012.4 第2次印刷
20	978-7-301-17609-2	液压传动	龚肖新	22.00	2010.8
21	978-7-301-17679-5	机械零件数控加工	李 文	38.00	2010.8
22	978-7-301-17608-5	机械加工工艺编制	于爱武	45.00	2012.2 第2次印刷
23	978-7-301-17707-5	零件加工信息分析	谢 蕾	46.00	2010.8
24	978-7-301-18357-1	机械制图	徐连孝	27.00	2012.9 第2次印刷
25	978-7-301-18143-0	机械制图习题集	徐连孝	20.00	2011.1
26	978-7-301-18470-7	传感器检测技术及应用	王晓敏	35.00	2012.7 第2次印刷
27	978-7-301-18471-4	冲压工艺与模具设计	张 芳	39.00	2011.3
28	978-7-301-18852-1	机电专业英语	戴正阳	28.00	2011.5
29	978-7-301-19272-6	电气控制与 PLC 程序设计(松下系列)	姜秀玲	36.00	2011.8
30	978-7-301-19297-9	机械制造工艺及夹具设计	徐 勇	28.00	2011.8
31	978-7-301-19319-8	电力系统自动装置	王 伟	24.00	2011.8
32	978-7-301-19374-7	公差配合与技术测量	庄佃霞	26.00	2011.8
33	978-7-301-19436-2	公差与测量技术	余 键	25.00	2011.9
34	978-7-301-19010-4	AutoCAD 机械绘图基础教程与实训(第2版)	欧阳全会	36.00	2013.1 第2次印刷
35	978-7-301-19638-0	电气控制与 PLC 应用技术	郭 燕	24.00	2012.1
36	978-7-301-19933-6	冷冲压工艺与模具设计	刘洪贤	32.00	2012.1
37	978-7-301-20002-5	数控机床故障诊断与维修	陈学军	38.00	2012.1
38	978-7-301-20312-5	数控编程与加工项目教程	周晓宏	42.00	2012.3
39	978-7-301-20414-6	Pro/ENGINEER Wildfire 产品设计项目教程	罗 武	31.00	2012.5
40	978-7-301-15692-6	机械制图	吴百中	26.00	2012.7 第2次印刷
41	978-7-301-20945-5	数控铣削技术	陈晓罗	42.00	2012.7
42	978-7-301-21053-6	数控车削技术	王军红	28.00	2012.8
43	978-7-301-21119-9	数控机床及其维护	黄应勇	38.00	2012.8
44	978-7-301-20752-9	液压传动与气动技术(第2版)	曹建东	40.00	2012.8
45	978-7-301-18630-5	电机与电力拖动	孙英伟	33.00	2011.3
46	978-7-301-16448-8	Pro/ENGINEER Wildfire 设计实训教程	吴志清	38.00	2012.8
47	978-7-301-21239-4	自动生产线安装与调试实训教程	周 洋	30.00	2012.9
48	978-7-301-21269-1	电机控制与实践	徐 锋	34.00	2012.9
49	978-7-301-16770-0	电机拖动与应用实训教程	任娟平	36.00	2012.11
50	978-7-301-20654-6	自动生产线调试与维护	吴有明	28.00	2013.1
51	978-7-301-21988-1	普通机床的检修与维护	宋亚林	33.00	2013.1
52	978-7-301-21873-0	CAD/CAM 数控编程项目教程(CAXA 版)	刘玉春	42.00	2013.3
53	978-7-301-22315-4	低压电气控制安装与调试实训教程	张 郭	24.00	2013.4
54	978-7-301-19848-3	机械制造综合设计及实训	裴俊彦	37.00	2013.4

北京大学出版社高职高专电子信息系列规划教材

序号	书号	书名	编著者	定价	出版日期
1	978-7-301-12180-1	单片机开发应用技术	李国兴	21.00	2010.9 第 2 次印刷
2	978-7-301-12386-7	高频电子线路	李福勤	20.00	2013.2 第 3 次印刷
3	978-7-301-12384-3	电路分析基础	徐 锋	22.00	2010.3 第 2 次印刷
4	978-7-301-13572-3	模拟电子技术及应用	刁修睦	28.00	2012.8 第 3 次印刷
5	978-7-301-12390-4	电力电子技术	梁南丁	29.00	2010.7 第 2 次印刷
6	978-7-301-12383-6	电气控制与 PLC(西门子系列)	李 伟	26.00	2012.3 第 2 次印刷
7	978-7-301-12387-4	电子线路 CAD	殷庆纵	28.00	2012.7 第 4 次印刷
8	978-7-301-12382-9	电气控制及 PLC 应用(三菱系列)	华满香	24.00	2012.5 第 2 次印刷
9	978-7-301-16898-1	单片机设计应用与仿真	陆旭明	26.00	2012.4 第 2 次印刷
10	978-7-301-16830-1	维修电工技能与实训	陈学平	37.00	2010.7
11	978-7-301-17324-4	电机控制与应用	魏润仙	34.00	2010.8
12	978-7-301-17569-9	电工电子技术项目教程	杨德明	32.00	2012.4 第 2 次印刷
13	978-7-301-17696-2	模拟电子技术	蒋 然	35.00	2010.8
14	978-7-301-17712-9	电子技术应用项目式教程	王志伟	32.00	2012.7 第 2 次印刷
15	978-7-301-17730-3	电力电子技术	崔 红	23.00	2010.9
16	978-7-301-17877-5	电子信息专业英语	高金玉	26.00	2011.11 第 2 次印刷
17	978-7-301-17958-1	单片机开发入门及应用实例	熊华波	30.00	2011.1
18	978-7-301-18188-1	可编程控制器应用技术项目教程(西门子)	崔维群	38.00	2011.1
19	978-7-301-18322-9	电子 EDA 技术(Multisim)	刘训非	30.00	2012.7 第 2 次印刷
20	978-7-301-18144-7	数字电子技术项目教程	冯泽虎	28.00	2011.1
21	978-7-301-18519-3	电工技术应用	孙建领	26.00	2011.3
22	978-7-301-18770-8	电机应用技术	郭宝宁	33.00	2011.5
23	978-7-301-18520-9	电子线路分析与应用	梁玉国	34.00	2011.7
24	978-7-301-18622-0	PLC 与变频器控制系统设计与调试	姜永华	34.00	2011.6
25	978-7-301-19310-5	PCB 板的设计与制作	夏淑丽	33.00	2011.8
26	978-7-301-19326-6	综合电子设计与实践	钱卫钧	25.00	2011.8
27	978-7-301-19302-0	基于汇编语言的单片机仿真教程与实训	张秀国	32.00	2011.8
28	978-7-301-19153-8	数字电子技术与应用	宋雪臣	33.00	2011.9
29	978-7-301-19525-3	电工电子技术	倪 涛	38.00	2011.9
30	978-7-301-19953-4	电子技术项目教程	徐超明	38.00	2012.1
31	978-7-301-20000-1	单片机应用技术教程	罗国荣	40.00	2012.2
32	978-7-301-20009-4	数字逻辑与微机原理	宋振辉	49.00	2012.1
33	978-7-301-20706-2	高频电子技术	朱小样	32.00	2012.6
34	978-7-301-21055-0	单片机应用项目化教程	顾亚文	32.00	2012.8
35	978-7-301-17489-0	单片机原理及应用	陈高锋	32.00	2012.9
36	978-7-301-21147-2	Protel 99 SE 印制电路板设计案例教程	王 静	35.00	2012.8
37	978-7-301-19639-7	电路分析基础(第 2 版)	张丽萍	25.00	2012.9

相关教学资源如电子课件、电子教材、习题答案等可以登录 www.pup6.com 下载或在线阅读。

扑六知识网(www.pup6.com)有海量的相关教学资源和电子教材供阅读及下载(包括北京大学出版社第六事业部的相关资源),同时欢迎您将教学课件、视频、教案、素材、习题、试卷、辅导材料、课改成果、设计作品、论文等教学资源上传到 pup6.com,与全国高校师生分享您的教学成就与经验,并可自由设定价格,知识也能创造财富。具体情况请登录网站查询。

如您需要免费纸质样书用于教学,欢迎登录第六事业部门户网(www.pup6.com)填表申请,并欢迎在线登记选题以到北京大学出版社来出版您的大作,也可下载相关表格填写后发到我们的邮箱,我们将及时与您取得联系并做好全方位的服务。

扑六知识网将打造成全国最大的教育资源共享平台,欢迎您的加入——让知识有价值,让教学无界限,让学习更轻松。

联系方式:010-62750667,yongjian3000@163.com,linzhangbo@126.com,欢迎来电来信。